回路解析力が身につく
電子回路入門

Introduction to Electronic Circuits for
Circuit Analysis Skills

工学博士
陶　良

博士（工学）
中林寛暁　【共著】

博士（工学）
関　弘和

コロナ社

まえがき

　電子工学の技術が急速に発展しつつある近代社会では，エレクトロニクス技術者の需要も著しく増加してきた。大規模集積回路（LSI）が普及している一方，開発設計の技術者として，その基礎となる知識と回路解析力をしっかりと身につけておくことが要求されている。

　電気電子工学分野の教育体系は，電磁界に着眼した電気磁気学系，材料の物理特性に着眼した電子デバイス系と，これらの回路素子を用いた電気電子回路系に分けられる。筆者らは長年，電気電子工学系の大学生を対象に電子回路の教育に携わってきた。国内では毎年多数の電子回路に関する書籍が発行されているが，いずれも回路の基本法則と多種の応用回路に関する内容が豊富で，電子回路の中核となるトランジスタ基本回路などのより詳しい解析は少ない。一方，学生諸君は理系科目にも関わらず，公式暗記のような勉強をし，せっかく学んだ知識がその後の関連科目になかなか生かされないという現象が顕著に見受けられる。

　そこで，筆者らは電気電子工学系の学生が一連の電子回路関連科目をスムーズに学習するために，最初に回路基礎とトランジスタ基本回路をしっかり理解したうえで，回路解析力を身につけることが重要であると考え，本書を執筆する運びとなった。この考えのもと，本書をつぎのように構成した。

　1章では，電子回路を構成する基礎回路素子から始め，回路の基本法則を述べる。2章では，電子回路に扱う非線形素子の基礎であるダイオードを中心に，その特性と回路解析方法を紹介する。3章と4章では，電子回路の中で最も重要な非線形素子であるトランジスタの基本特性とその特性による電子回路中の働きを詳細に紹介し，増幅のための直流バイアスの概念特性およびバイアス回路の解析方法を述べる。5章では，トランジスタ増幅回路の交流特性を解

析する準備として，hパラメータ等価回路に重点を置き，一般的な四端子回路網の特性と解析方法を紹介したうえで，6章ではhパラメータ等価回路解析を中心にトランジスタ増幅回路の諸特性と解析方法を紹介する．

　これらの内容で，1章と2章は 関 弘和，3章と4章は 中林 寛暁，5章と6章は 陶 良 が分担執筆し，全体の編集ととりまとめは全員が協力した．

　本書を執筆するにあたっては，「回路解析力」の育成を念頭に，各種素子や回路の特性と法則の紹介のみに留まらず，これらを交えた回路解析例を多く取り入れ，信号の流れや回路の働きについての詳細な解説に重きを置いた．また，電子回路のイメージをしやすくするため図面を多く使用するとともに，諸原理法則の応用力の向上を図るため例題や演習問題も多めに取り入れている．

　本書を電気電子回路系の入門教材として，高校までの数理知識があれば，特に回路関係の基礎知識がなくても内容を理解でき，そのうえ，特に応用回路重視の関連文献の理解に役立つことを期待する．その理由で，筆者らは多くの関連文献を参考してきたが，本書に参考文献リストを設けていない．

　筆者らは，本書を大学，高専もしくは企業での電気電子技術者を育成するための入門教材として，幅広く活用することを願いながら，読者諸氏からのご意見とご指摘を頂戴できれば幸甚に存ずる．

　最後に，本書の執筆と出版にお世話になったコロナ社の方々に感謝する．

2014年6月

陶　良・中林　寛暁・関　弘和

目　　　次

1. 回路の基礎

1.1 基礎回路素子 …………………………………………………… 1
　1.1.1 電　　　源 ……………………………………………… 1
　1.1.2 受動素子と能動素子 …………………………………… 4
1.2 オームの法則 …………………………………………………… 7
1.3 キルヒホッフの法則 …………………………………………… 10
　1.3.1 キルヒホッフの電圧則 ………………………………… 10
　1.3.2 キルヒホッフの電流則 ………………………………… 12
1.4 重ね合わせの理 ………………………………………………… 13
1.5 テブナンの定理とノートンの定理 …………………………… 17
　1.5.1 テブナンの定理 ………………………………………… 17
　1.5.2 ノートンの定理 ………………………………………… 20
演 習 問 題 …………………………………………………………… 24

2. ダイオードの特性と回路解析

2.1 ダイオードの概要 ……………………………………………… 27
2.2 ダイオードの特性 ……………………………………………… 30
　2.2.1 ダイオードの整流作用 ………………………………… 30
　2.2.2 ダイオードの電圧電流特性 …………………………… 31
2.3 理想ダイオード回路の解析 …………………………………… 33
　2.3.1 理想ダイオード ………………………………………… 33
　2.3.2 理想ダイオード回路の解析例 ………………………… 35
2.4 グラフ解析 ……………………………………………………… 41

2.5 小信号等価回路解析 ………………………………………………… 44
2.6 ダイオードの応用回路例 ……………………………………………… 47
 2.6.1 整流回路 ……………………………………………………… 48
 2.6.2 クリッパ回路とクランプ回路 ………………………………… 50
 2.6.3 ツェナーダイオード …………………………………………… 54
演習問題 …………………………………………………………………… 55

3. トランジスタの基礎特性

3.1 トランジスタの概要 …………………………………………………… 57
 3.1.1 トランジスタの構造と動作原理 ……………………………… 57
 3.1.2 トランジスタの電圧と電流の表現法 ………………………… 59
3.2 トランジスタの静特性 ………………………………………………… 61
 3.2.1 ベース接地特性 ………………………………………………… 61
 3.2.2 エミッタ接地特性 ……………………………………………… 63
 3.2.3 トランジスタの増幅作用 ……………………………………… 65
3.3 トランジスタのパラメータ …………………………………………… 67
 3.3.1 端子電流間の関係 ……………………………………………… 67
 3.3.2 静特性と直流電流増幅率の関係 ……………………………… 72
 3.3.3 交流小信号電流増幅率 ………………………………………… 73
 3.3.4 入力電圧と出力電圧の関係 …………………………………… 75
3.4 電界効果トランジスタの概要 ………………………………………… 76
 3.4.1 電界効果トランジスタの構造と動作原理 …………………… 76
 3.4.2 電界効果トランジスタの静特性 ……………………………… 79
演習問題 …………………………………………………………………… 82

4. トランジスタのバイアス回路

4.1 バイアス回路の概要 …………………………………………………… 83
 4.1.1 バイアス回路の必要性 ………………………………………… 83
 4.1.2 回路法則による解析 …………………………………………… 85
 4.1.3 グラフによる解析 ……………………………………………… 87

 4.1.4 トランジスタ回路のクラス ………………………………………… 92
 4.1.5 キャパシタの役割 ……………………………………………………… 96
4.2 安 定 指 数 …………………………………………………………… 100
 4.2.1 トランジスタ回路の安定性 ………………………………………… 100
 4.2.2 安定指数を用いた確認 ……………………………………………… 102
4.3 基本バイアス回路 ……………………………………………………………… 103
 4.3.1 固定バイアス回路 …………………………………………………… 103
 4.3.2 電流帰還バイアス回路 ……………………………………………… 104
 4.3.3 自己（電圧帰還）バイアス回路 …………………………………… 105
4.4 非線形素子によるバイアス回路の安定化 ………………………………… 107
4.5 電界効果トランジスタのバイアス回路 …………………………………… 110
演 習 問 題 …………………………………………………………………… 117

5. 四端子回路網のパラメータ解析

5.1 四端子（2ポート）回路網のパラメータ表現 …………………………… 121
 5.1.1 zパラメータ ………………………………………………………… 123
 5.1.2 yパラメータ ………………………………………………………… 126
 5.1.3 Fパラメータ ………………………………………………………… 127
 5.1.4 hパラメータ ………………………………………………………… 128
 5.1.5 パラメータ変換 ……………………………………………………… 131
5.2 2ポート増幅器の性能評価 ………………………………………………… 132
 5.2.1 利得と入出力インピーダンス ……………………………………… 133
 5.2.2 回路網の等価パラメータによる性能評価 ………………………… 135
5.3 hパラメータ等価回路 ……………………………………………………… 137
演 習 問 題 …………………………………………………………………… 141

6. 小信号トランジスタ増幅回路

6.1 BJTのhパラメータ等価回路 …………………………………………… 142
 6.1.1 hパラメータとBJT特性との対応関係 ………………………… 142
 6.1.2 BJTの各種接続方式におけるhパラメータ等価回路 ………… 143

6.1.3　各種接続方式の h パラメータの換算 ･････････････････････････････ *148*
　6.1.4　各種接続方式の h パラメータの特徴 ･････････････････････････････ *151*
6.2　BJT の T 形等価回路 ･･ *152*
6.3　BJT 増幅回路の基本特性 ･･ *157*
　6.3.1　各種接続方式の基本回路 ･･ *157*
　6.3.2　基本増幅回路性能の h パラメータ表現 ･･････････････････････････ *159*
　6.3.3　各種接続方式の BJT 増幅回路の一般的な特徴 ････････････････････ *160*
6.4　応用 BJT 増幅回路の h パラメータ等価解析 ････････････････････････ *160*
　6.4.1　中間的周波数領域における回路素子の扱い方 ･･････････････････････ *161*
　6.4.2　BJT 応用増幅回路の交流等価回路 ････････････････････････････････ *162*
　6.4.3　BJT 応用増幅回路の性能評価 ････････････････････････････････････ *165*
　6.4.4　帰還型 BJT 増幅回路例 ･･ *168*
演　習　問　題 ･･･ *174*

演習問題の解答 ･･ *176*
索　　　　引 ･･ *180*

1

回 路 の 基 礎

　電子回路とは，電気回路で用いられる抵抗，インダクタ，キャパシタなどのほかに，ダイオードやバイポーラトランジスタ，FETなどの電子素子も加えて構成された回路である。そのため，電気回路では実現することができなかった，信号の増幅，波形整形，スイッチングなどの動作が可能となる。このような電子回路の設計・解析力を身につけるためには，まずは電気回路を構成する素子の性質や特性，さらに回路内の電圧や電流について成り立つ関係式について理解を深めなければならない。そこで，電子素子の性質や電子回路の設計については2章以降に説明することとし，まず本章では，電気回路を構成するおもな素子とその性質，回路において成り立つ法則や定理などについて説明する。

1.1 基礎回路素子

1.1.1 電　　　源
　電気回路や電子回路を駆動し，電流や電圧を発生させるためには，当然ながら電気エネルギーを供給する**電源**（power source）が必須となる。電源にはさまざまなものがあり，電圧源と電流源，直流電源と交流電源，独立電源と従属電源（制御電源）などに分類される。

　まず，**電圧源**と**電流源**は，特定の電圧を供給するか，電流を供給するかの違いであり，**直流電源**と**交流電源**は，供給する電圧や電流が直流か交流かの違いである。

　直流とは，図1.1（a）のように時間 t に対して大きさが一定であったり，少

2 　　1. 回 路 の 基 礎

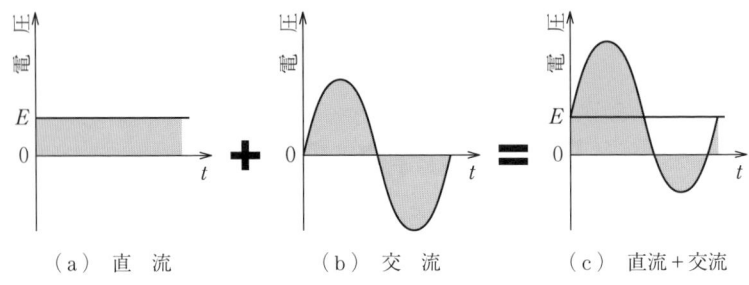

　　（a）直　流　　　　（b）交　流　　　　（c）直流＋交流

図 1.1　直流電圧と交流電圧

なくとも向きは変わらないものであり，例えば電池や，ノート PC や携帯電話充電器の AC アダプタの出力がそうである。交流とは，例えば図（b）に示す正弦波のように，時間 t に対して向き（正と負）が変化するものである。家庭用コンセントの電源がこれにあたる。また，図（c）は直流と交流が足し合わさったときの電圧波形であり，後述する電子回路のいくつかのケースでは，このように直流と交流が共存することがある。

　独立電源（independent source）とは，電圧源であればそれに流れる電流に関わらず決められた電圧を供給し，電流源であればその端子電圧に関わらず決められた電流を供給するような電源である。

　一方，**従属電源**（dependent source）とは，その供給する電圧や電流が回路中の他の要素の電圧や電流に依存する（制御される）ような電源であり，**制御電源**（controlled source）とも呼ばれる。

　図 1.2 には，本書で用いる各種電源の図記号を示している。図（a）は直流の独立電圧源を示すものであり，一般的に電池（battery）と考えてよい。図（b），図（c）は独立電圧源であり，図（b）は直流と交流を含む図記号，図（c）は特に交流電圧源を示すものである。図（d）は独立電流源，図（e）と

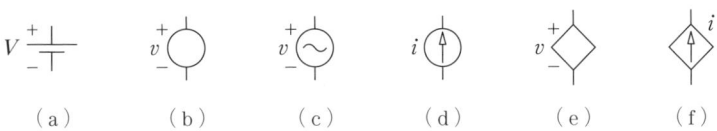

　（a）　　　　（b）　　　　（c）　　　　（d）　　　　（e）　　　　（f）

図 1.2　本書で用いる各種電源の図記号

図 (f) は，それぞれ従属電圧源と従属電流源である。

例えば，**図 1.3** の回路には二つの電源があり，左端にある v_{AB} は独立電圧源であり，回路中の他の部分の様子に関わらず v_{AB} という電圧を供給する電源である。一方，真ん中にある従属電流源は，右端にある抵抗 R_L に流れる電流 i_L の α 倍の電流 αi_L を供給する。つまり，回路中の他の部分の挙動（この場合は i_L）によってその値が変化する電源であることがわかる。

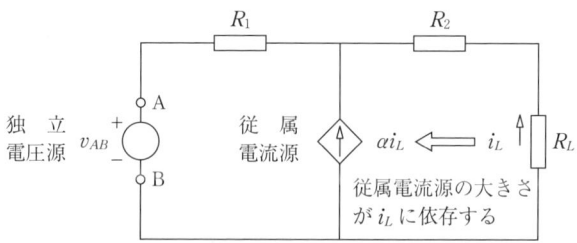

図 1.3 独立電圧源と従属電流源の例

ここで，電圧や電流に関し，特に 2 章以降において直流成分や交流成分が混在する場合が多くなることから，それらを区別するために本書では**表 1.1** に示す表記に統一する。

表 1.1 本書における電圧と電流の表記

直流，交流	電　圧	電　流
直流成分	V, V_{AB}	I, I_A
交流成分	v, v_{ab}	i, i_a
直流成分＋交流成分	v, v_{AB}	i, i_A

直流成分のみを意味する場合には，下付きも含めて大文字で表記する。一方，交流成分のみを意味する場合には，下付きも含めて小文字で表記する。直流成分と交流成分がともに存在する場合には，小文字表記の電圧・電流に大文字の下付き文字を添える。また，電圧について，点 B の電圧を基準とした点 A の電圧を示す場合には，直流では V_{AB}，交流では v_{ab}，直流と交流がともに存在する場合では v_{AB} と表記する。

1.1.2 受動素子と能動素子

電子回路で用いられる素子には，**受動素子**（passive element）と**能動素子**（active element）がある。受動素子とは，抵抗やインダクタ，キャパシタ（コンデンサ）など，供給された電気エネルギーを消費，蓄積，放出する素子であり，各部の電圧と電流は回路定数（インピーダンスなど）を係数とした比例関係となる。つまり，受動素子は**線形**（linear）**素子**であり，電源とこれらの素子からなる回路は電気回路理論の分野である。

一方，能動素子とは，ダイオードやバイポーラトランジスタ，FETなど，入力された電圧や電流に対し増幅，波形整形，スイッチングなどの動作を行える素子である。電圧や電流の入出力は比例関係とならないため，**非線形**（nonlinear）**素子**といえる。

一般に，電子回路では，これらの受動素子と能動素子を組み合わせて接続し，所望のはたらきをする回路を設計するが，まずここでは図1.4に示す三つの受動素子について紹介する。

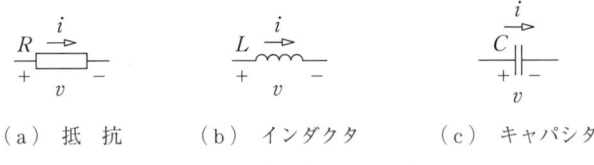

(a) 抵 抗　　(b) インダクタ　　(c) キャパシタ

図1.4　受動素子の図記号

図(a)は電流の流れを妨げる性質を持つ受動素子であり，**抵抗器**(resistor)，あるいは単に**抵抗**と呼ばれる。電圧や電流を制限したり分配したりすることができる。電流の流れにくさを示すRは抵抗であり，単位はオーム〔Ω〕である。1Ωの抵抗であれば，1Vの電圧を印加したときに1Aの電流が流れる。電圧と電流の関係式は式(1.1)で表される。

$$v = Ri \qquad (1.1)$$

また，抵抗は，供給された電気エネルギーを熱エネルギー（ジュール熱と呼ばれ，その大きさはRi^2〔W〕）として消費するだけである。

これとは逆に，電流の流れやすさを定義するのが**コンダクタンス**であり，その値は抵抗の逆数 $G=1/R$ で表され，単位はジーメンス〔S〕である。

抵抗における電圧と電流の比例関係は，ある瞬間における電圧と電流の間に成り立ち，その前後を含む時間的な経過には関係がない。これを**静的**（static）**な特性**と呼び，電源が直流でも交流でも関係なく同じ働きをする。

図（b）は導線をコイル状に巻いた構造により，電流によって発生する磁界によって磁気エネルギーを蓄える受動素子であり，**インダクタ**（inductor）あるいは**コイル**（coil）と呼ばれる。流れる電流による磁束やエネルギー量を決める値 L を**インダクタンス**（inductance）という。単位はヘンリー〔H〕である。電圧と電流の関係式は式（1.2）および式（1.3）で表される。ただし，本書で扱う電子回路にはあまり登場しない。

$$v(t) = L\frac{di(t)}{dt} \tag{1.2}$$

$$i(t) = \frac{1}{L}\int_{-\infty}^{t} v(\tau)d\tau \tag{1.3}$$

図（c）は，2枚の金属電極で誘電体を挟んだような構造により，電気エネルギーを蓄積したり放出したりする受動素子であり，**キャパシタ**（capacitor）あるいは**コンデンサ**と呼ばれ，電荷を蓄積できる量を決める値 C を**キャパシタンス**（capacitance）あるいは**静電容量**と呼ぶ。単位はファラド〔F〕である。電圧 v と電荷 Q 〔C〕の間には式（1.4）の関係が成り立つため，1Fのキャパシタであれば，1Vの電圧を印加したときに蓄えられる電荷が1Cになる。電圧と電流の関係式は式（1.5）および式（1.6）で表される。

$$Q = Cv \tag{1.4}$$

$$v(t) = \frac{1}{C}\int_{-\infty}^{t} i(\tau)d\tau \tag{1.5}$$

$$i(t) = C\frac{dv(t)}{dt} \tag{1.6}$$

キャパシタは直流に対しては電荷を蓄積したり放出したりすることができるが，例えば充電できる限界まで達すると電流は流れなくなる．つまり，キャパシタは直流を阻止する性質があるといえる．一方で，交流の場合は，金属電極のプラスとマイナスが交互に入れ替わり，充電と放電が繰り返される形となり，電流が阻止されることはない．つまり交流に対しては通過（短絡）させる性質があるといえる．

以上のように，インダクタとキャパシタは電圧と電流の関係式が微分や積分で表現される．つまり，抵抗のように瞬時値だけで決まるものではなく，時間的な経過に関係する性質がある．これを**動的**（dynamic）**な特性**と呼ぶ．

また，図1.4において注意しておきたいのは，電流と電圧の向きに関する定義である．電流 i は矢印の向きに流れるほうを正とする．電圧 v は「－」側の電位に対し「＋」側の電位がいくら高いかという値を正と定義する．なお，電圧の向きが矢印で表現されているときは，矢印の始点の電位に対し矢印の先の電位がいくら高いかという値を正と定義する．

特に，インダクタやキャパシタが含まれる交流回路においては，電圧や電流の大きさや位相角を複素数を用いて表現することにより，電圧と電流をオームの法則のように代数方程式で表すことが多い．このときの電圧と電流の比 $Z = v/i$ を**インピーダンス**（単位は〔Ω〕）と呼び，またインピーダンスの逆数 $Y = i/v$ を**アドミタンス**（単位は〔S〕）と呼ぶ．

これらの受動素子を複数個つなぎ合わせて電子回路を作るわけであるが，接続のしかたには，**直列接続**と**並列接続**の二つがある．例えば，同じ値の抵抗を同じ数だけ接続しても，直列接続と並列接続とでは回路全体の抵抗（これを**合成抵抗**という）はまったく異なる．

直列接続とは，**図 1.5**（a）のように複数の抵抗を1本につないだものであり，このときの合成抵抗は，すべての抵抗を足し合わせて求める．例えば，三つの抵抗を直列接続した場合の合成抵抗は，式（1.7）のようになる．

$$R = R_1 + R_2 + R_3 \tag{1.7}$$

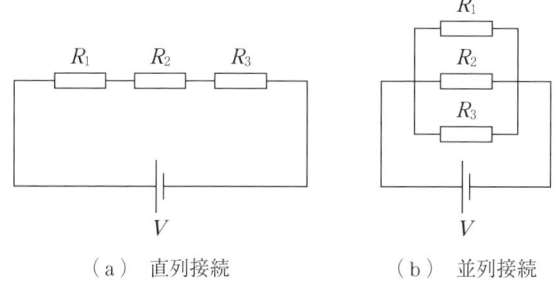

図 1.5 抵抗の直列接続と並列接続

一方，並列接続とは，図（b）のように複数の抵抗の両端をそれぞれつないで並べたものであり，合成抵抗の逆数は，それぞれの抵抗の逆数を足し合わせたものとなる．三つの場合は式 (1.8) のとおりである．

$$\frac{1}{R} = \frac{1}{R_1} + \frac{1}{R_2} + \frac{1}{R_3} \left(= \frac{1}{R_1 /\!/ R_2 /\!/ R_3} \text{と表すこともある} \right) \quad (1.8)$$

ここで，"$/\!/$" は並列を表す記号として用いる．

一方，インダクタの直列接続と並列接続では，上記の合成抵抗と同じ計算方法でよい．また，キャパシタの場合には，直列接続と並列接続の計算方法が逆となる．

1.2 オームの法則

式 (1.1) で表されるように，抵抗に流れる電流とその端子電圧の大きさには比例関係が成り立つ．これを**オームの法則**（Ohm's law）という．電圧が大きくなるほど電流も大きくなり，一方，抵抗が大きくなると流れる電流は小さくなるが，これらの性質は関係式が示すとおりである．なお，電圧と電流の向きに注目すると，抵抗の両端では電流の流れる方向に向かって電圧が下がることになる．この現象を**電圧降下**（voltage drop）という．

以上のことに基づいて，**図 1.6** の二つの回路を見てみる．

まず，図（a）の回路では，二つの抵抗が直列に接続されている．合成抵抗は

8　1. 回　路　の　基　礎

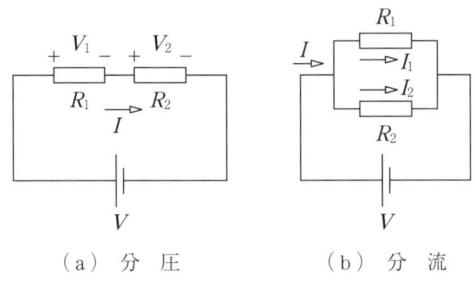

（a）分　圧　　　　　（b）分　流

図 1.6　分圧と分流

$R_1 + R_2$ であるから，回路を流れる電流は，オームの法則より $I = V/(R_1 + R_2)$ となる。二つの抵抗には同じ電流が流れていることに注意する。それぞれの抵抗における電圧 V_1，V_2 は

$$V_1 = \frac{R_1}{R_1 + R_2} V \tag{1.9}$$

$$V_2 = \frac{R_2}{R_1 + R_2} V \tag{1.10}$$

で表される。すなわち，直列回路におけるそれぞれの電圧は，抵抗の比（$R_1 : R_2$）に**分圧**されることがわかる。

つぎに，図（b）のように二つの抵抗を並列に接続した回路を考える。二つの抵抗には同じ電圧 V が印加されている。この合成抵抗は $R_1 R_2/(R_1 + R_2)$ であるので，回路を流れる電流は，オームの法則により $I = V(R_1 + R_2)/R_1 R_2$ となる。これを書き換えると，$V = IR_1 R_2/(R_1 + R_2)$ となる。これにオームの法則を用いて R_1，R_2 を流れる電流 I_1，I_2 をそれぞれ求めると

$$I_1 = \frac{V}{R_1} = \frac{R_2}{R_1 + R_2} I \tag{1.11}$$

$$I_2 = \frac{V}{R_2} = \frac{R_1}{R_1 + R_2} I \tag{1.12}$$

である。すなわち，並列回路におけるそれぞれの電流は，回路全体の電流 I が抵抗に反比例して（抵抗の比の逆，$R_2 : R_1$ に）**分流**されることがわかる。

例題 1.1　図 1.7 の回路において，全体の合成抵抗 R と，R_2 を流れる電流 I_2

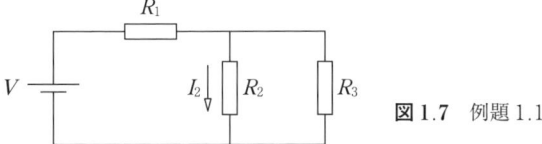

図1.7 例題1.1

を求めよ。

【解答】 R_2 と R_3 の並列接続に R_1 が直列接続されているから，回路全体の合成抵抗 R は

$$R = R_1 + \frac{R_2 R_3}{R_2 + R_3} \tag{1.13}$$

である。全体の電流 $I = V/R$ が R_2 と R_3 に $R_3 : R_2$ の比で分流されるから

$$I_2 = \frac{V}{R_1 + \dfrac{R_2 R_3}{R_2 + R_3}} \frac{R_3}{R_2 + R_3} = \frac{R_3 V}{R_1 R_2 + R_2 R_3 + R_1 R_3} \tag{1.14}$$

となる。 ☆

例題1.2 図1.8の回路において，R_2 と R_3 の電圧の比を求めよ。

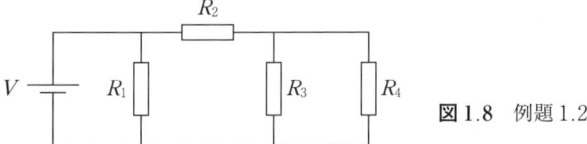

図1.8 例題1.2

【解答】 電圧 V が，R_2 と，R_3 および R_4 の並列接続に分圧されるから，求める比は

$$R_2 : \frac{R_3 R_4}{R_3 + R_4}$$

となる。 ☆

例題1.3 図1.8の回路において，R_1 と R_4 を流れる電流の比を求めよ。

【解答】 まず R_1 と R_2 に分流されるときの比は

$$R_2 + \frac{R_3 R_4}{R_3 + R_4} : R_1$$

である。つぎに，R_2 に流れる電流が，R_3 と R_4 に分流されるときの比は $R_4 : R_3$ であるから，R_1 と R_4 を流れる電流の比は次式となる。

$$R_2 + \frac{R_3 R_4}{R_3 + R_4} : R_1 \frac{R_3}{R_3 + R_4} = R_2 R_3 + R_2 R_4 + R_3 R_4 : R_1 R_3 \tag{1.15} \ ☆$$

1.3 キルヒホッフの法則

電気回路や電子回路を解析する，つまり回路内の電圧や電流を求めるためには，**キルヒホッフの法則**（Kirchhoff's law）が基本的な手段となる．

1.3.1 キルヒホッフの電圧則

回路上の任意の閉路に対し，電圧の方向を定めた（例えば，時計回り方向を正，逆を負とする）とする．このとき，各電圧を V_k ($k=1, 2, \cdots, n$) とすると，式 (1.16) のように，「各電圧の総和はゼロになる」ことを，**キルヒホッフの電圧則**（Kirchhoff's voltage law：KVL）という．

$$\sum_{k=1}^{n} V_k = 0 \tag{1.16}$$

例えば，図 1.9 の直列回路を考える．電圧源や抵抗が直列に接続されているが，この回路一周に対し，電圧の向きに注意しながらキルヒホッフの電圧則を適用する．まず，電圧と電流の向きについて時計回りを基準として考える．つまり，時計回りに流れる電流を正と定義し，電圧は時計回りにたどったとき電圧が上がる場合を正，抵抗の電圧降下などで下がる場合を負として考えてみる．このとき，式 (1.16) を適用すると，次式のようになる．

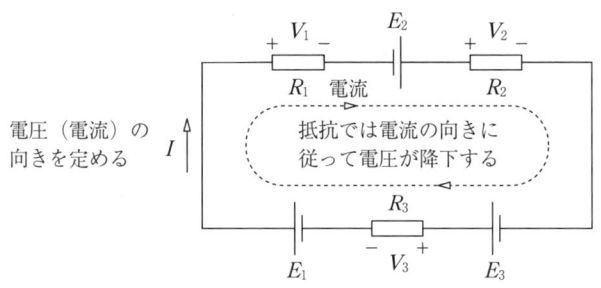

図 1.9 キルヒホッフの電圧則の適用

$$E_1 - V_1 + E_2 - V_2 + E_3 - V_3 = 0 \tag{1.17}$$

例題 1.4 図 1.10 の回路において，時計回りに流れる電流を正と定義して，キルヒホッフの電圧則により成り立つ式を答えよ。

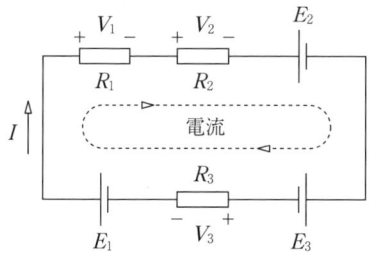

図 1.10　例題 1.4

【解答】 回路を時計回りにたどっていき，電圧上昇を正，電圧降下を負とすれば次式が導かれる。

$$E_1 - V_1 - V_2 - E_2 - E_3 - V_3 = 0 \tag{1.18}☆$$

例題 1.5 図 1.11 の回路において，キルヒホッフの電圧則を用いて，R_1 にかかる電圧 V_1 を求めよ。

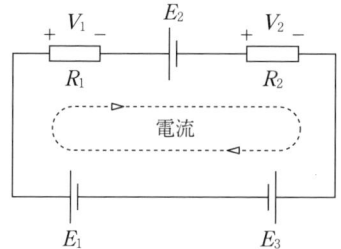

図 1.11　例題 1.5

【解答】 R_2 にかかる電圧を V_2 とする。時計回りに流れる電流を正と定義すると，キルヒホッフの電圧則により

$$E_1 - V_1 - V_2 - E_2 - E_3 = 0 \tag{1.19}$$

となる。よって，R_1 と R_2 にかかる電圧 $V_1 + V_2$ は，$E_1 - E_2 - E_3$ であるから，これに分圧の式を用いて次式が導かれる。

$$V_1 = \frac{R_1}{R_1 + R_2}(E_1 - E_2 - E_3) \tag{1.20}☆$$

1.3.2 キルヒホッフの電流則

回路上の任意の接点に対し，電流の方向を定めた（例えば，接点に流れ込むものを正，流れ出すものを負とする）とする。このとき，各電流を I_k（$k=1,2,\cdots,m$）とすると，式(1.21)のように，「各電流の総和はゼロになる」ことを，**キルヒホッフの電流則**（Kirchhoff's current law：KCL）という。別の表現をすれば，その接点に流れ込む電流と流れ出す電流は等しく，どこかに勝手に消えたり急に現れたりすることはないということである。

$$\sum_{k=1}^{m} I_k = 0 \tag{1.21}$$

例えば，**図1.12** の接点について考えてみる。流入する電流を正，流出する電流を負と仮定して，式(1.21)のキルヒホッフの電流則を適用すると，次式のようになる。

$$I_1 + I_2 - I_3 - I_4 = 0 \tag{1.22}$$

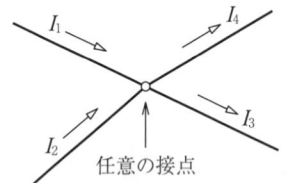

図1.12 キルヒホッフの電流則の適用

例題1.6 図1.13の回路において，接点Cから流出する電流 I を求めよ。

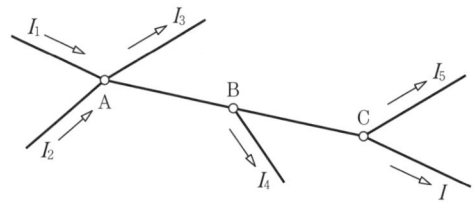

図1.13 例題1.6

【解答】 点Aから点Bへ流れる電流は $I_1+I_2-I_3$，点Bから点Cへ流れる電流は I_4 を差し引いて $I_1+I_2-I_3-I_4$，点Cから流出する電流はさらに I_5 を差し引いて $I = I_1 +$

$I_2 - I_3 - I_4 - I_5$ となる。 ☆

例題 1.7 図 1.14 の回路において，キルヒホッフの電圧則と電流則を用いて，I_1, I_2, I_3 の各電流を求めよ。

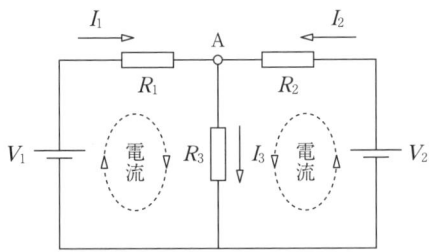

図 1.14　例題 1.7

【解答】　回路の左半分と右半分にそれぞれキルヒホッフの電圧則を適用すると
$$V_1 = R_1 I_1 + R_3 I_3 \tag{1.23}$$
$$V_2 = R_2 I_2 + R_3 I_3 \tag{1.24}$$
の二式が成り立つ。また，接点 A においてキルヒホッフの電流則を適用すると
$$I_1 + I_2 - I_3 = 0 \tag{1.25}$$
となる。これらの三式を解けば以下のように各電流が求まる。
$$I_1 = \frac{V_1(R_2 + R_3) - V_2 R_3}{R_1 R_2 + R_2 R_3 + R_1 R_3} \tag{1.26}$$
$$I_2 = \frac{V_2(R_1 + R_3) - V_1 R_3}{R_1 R_2 + R_2 R_3 + R_1 R_3} \tag{1.27}$$
$$I_3 = \frac{V_1 R_2 + V_2 R_1}{R_1 R_2 + R_2 R_3 + R_1 R_3} \tag{1.28}$$ ☆

1.4　重ね合わせの理

　回路内の電圧や電流を求めるうえでは，オームの法則とキルヒホッフの法則が基本となるが，そのほかにも手助けとなるいくつかの回路法則が存在する。
　複数の電源を含む線形回路内の電圧・電流分布は，着目する電源のみを残しその他を取り去ったときの分布をすべて足し合わせたものとなる。これを**重ね合わせの理**（principle of superposition）あるいは**重畳の定理**という。ここ

で,「電源を取り去る」とは,電圧源の場合は短絡(電流を導通),電流源の場合は開放(電流を遮断)することである。

回路内に複数の電源があり,オームの法則とキルヒホッフの法則のみでは各電圧や電流を求めることが難しいときは,この定理を用いて,一つずつの電源に注目し最後に足し合わせることで容易に求めることができるわけであり,回路解析の一つのテクニックとして利用することができる。

例えば,図 1.15 (a) の回路(例題 1.7 と同じ)には電圧源が 2 個あり,R_3 を流れる電流 I を直接求めるのは難しい。そこで,図 (b) のように,V_2 を取り去り(短絡し)V_1 のみによる電流 I_1 を求め,つぎに,図 (c) のように,V_1 を取り去り(短絡し)V_2 のみによる電流 I_2 を求め,最後にこれらを足し合わせればよい。図 (b) は R_2 と R_3 の並列接続に R_1 を直列接続した回路であり,R_3 を流れる電流 I_1 は

$$I_1 = \frac{(R_2+R_3)V_1}{R_1R_2+R_2R_3+R_1R_3} \frac{R_2}{R_2+R_3} = \frac{V_1 R_2}{R_1R_2+R_2R_3+R_1R_3} \tag{1.29}$$

となり,同様に図 (c) の回路において R_3 を流れる電流 I_2 は

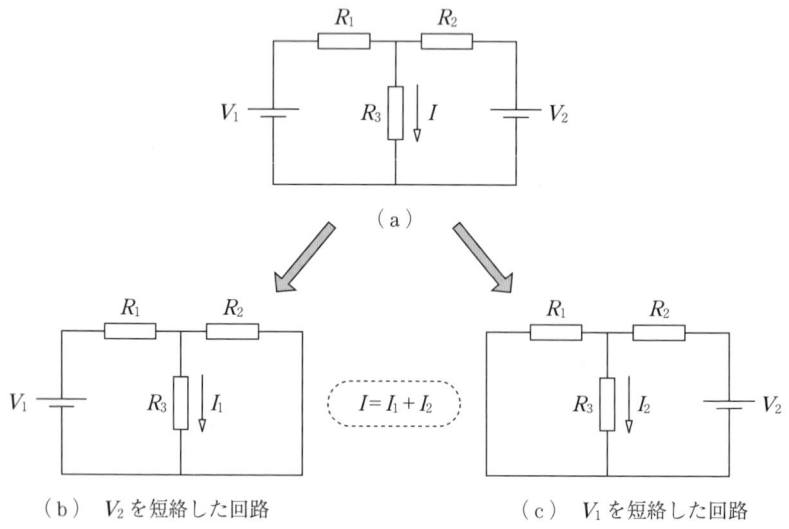

図 1.15　重ね合わせの理の適用

$$I_2 = \frac{(R_1+R_3)V_2}{R_1R_2+R_2R_3+R_1R_3}\frac{R_1}{R_1+R_3} = \frac{V_2R_1}{R_1R_2+R_2R_3+R_1R_3} \quad (1.30)$$

となる。最後にこれら二つを足し合わせて電流 I が求まる。

$$I = I_1 + I_2 = \frac{V_1R_2+V_2R_1}{R_1R_2+R_2R_3+R_1R_3} \quad (1.31)$$

これは先ほどの例題 1.7 の結果ともちろん一致するが，このように重ね合わせの理によって解くほうがわかりやすく，計算過程も簡単である。

例題 1.8 図 1.16 の回路において重ね合わせの理を適用し，R_2 に流れる電流 I を求めよ。

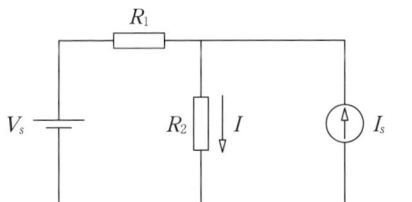

図 1.16　例題 1.8

【解答】 図 1.17（a）のように，電流源 I_s を取り去り（開放し）電圧源 V_s のみによる電流 I_1 を求め，図（b）のように，電圧源 V_s を取り去り（短絡し）電流源 I_s のみによる電流 I_2 を求め，最後にこれらを足し合わせればよい。図（a）の回路は R_1 と R_2 の直列接続であるから

$$I_1 = \frac{V_s}{R_1+R_2} \quad (1.32)$$

となる。図（b）の回路は R_1 と R_2 の並列接続に電流 I_s が流れるから

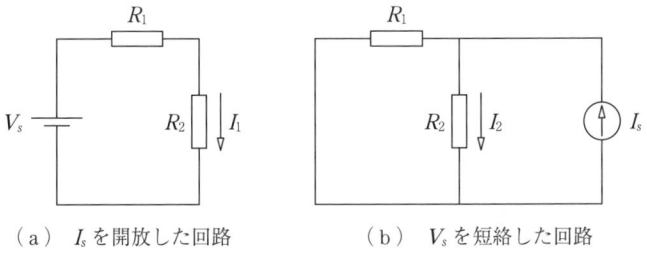

（a）　I_s を開放した回路　　　　（b）　V_s を短絡した回路

図 1.17　例題 1.8 解答

16   1. 回路の基礎

$$I_2 = \frac{R_1}{R_1 + R_2} I_s \tag{1.33}$$

となる。重ね合わせの理により，これらを足し合わせれば R_2 に流れる電流が求まる。

$$I = I_1 + I_2 = \frac{V_s}{R_1 + R_2} + \frac{R_1}{R_1 + R_2} I_s = \frac{V_s + R_1 I_s}{R_1 + R_2} \tag{1.34}☆$$

例題1.9　図1.18の回路において重ね合わせの理を適用し，R_3 に流れる電流 I を求めよ。ただし，$V_s = 3$ V，$I_s = 3$ A，$R_1 = 2$ Ω，$R_2 = 1$ Ω，$R_3 = 2$ Ω，$R_4 = 1$ Ω とする。

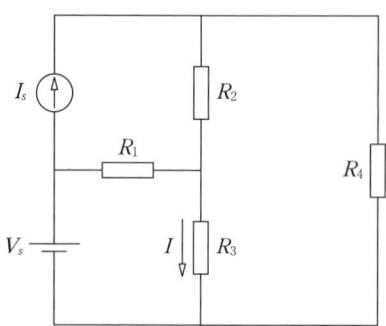

図1.18　例題1.9

【解答】　図1.19（a）のように，電流源 I_s を開放し電圧源 V_s のみによる電流 I_1 を求め，図（b）のように，電圧源 V_s を短絡し電流源 I_s のみによる電流 I_2 を求め，最後にこれらを足し合わせる。図（a）は，R_2 と R_4 の直列接続（2Ω）に R_3 を並列に接続し（1Ω），これに R_1 を直列接続した（3Ω）回路であるから，全体の電流1Aが分流し，R_3 を流れる電流は矢印の向きに，$I_1 = 0.5$ A となる。図（b）は，R_1 と R_3 の

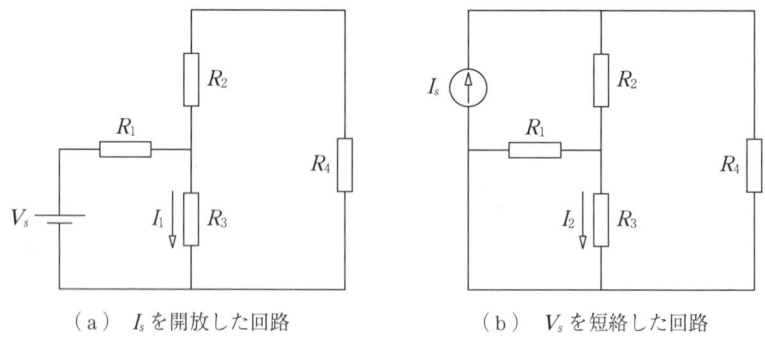

（a）　I_s を開放した回路　　　　　　（b）　V_s を短絡した回路

図1.19　例題1.9解答

並列接続（1Ω）にR_2を直列に接続し（2Ω），これにR_4を並列接続した回路であるから，全体の電流3Aが分流し，R_3を流れる電流は矢印の向きに，$I_2=0.5$Aとなる。よって，R_3を流れる電流Iは$I_1+I_2=0.5+0.5=1$Aとなる。

これ以外の抵抗を流れる電流はそれぞれ，R_1が図の右向きに0.5A，R_2が図の下向きに0.5A，R_4が図の下向きに2.5Aであり，これらも同様に重ね合わせの理を用いて求めてみるとよい。 ☆

1.5 テブナンの定理とノートンの定理

1.5.1 テブナンの定理

図1.20（a）のように，電源を含む線形回路に対し a-b 端子を介して負荷（インピーダンスがZ_L）が接続されているとする。このように回路網どうしを接続する端子対のことを**ポート**（port）と呼ぶ。このとき，その線形回路がどのような構成であるかに関わらず，図（b）に示すように，ある電圧源V_{Th}とインピーダンスZ_{Th}に等価的に置き換えることができる。これを**テブナンの定理**（Thévenin's theorem）あるいは鳳-テブナンの定理（ほう）という。回路がどれだけ複雑であっても，等価電圧源V_{Th}と等価インピーダンスZ_{Th}の値さえわかれば簡単な回路に置き換えられ，負荷における電圧や電流が容易に求まるわけであり，たいへん便利な定理である。

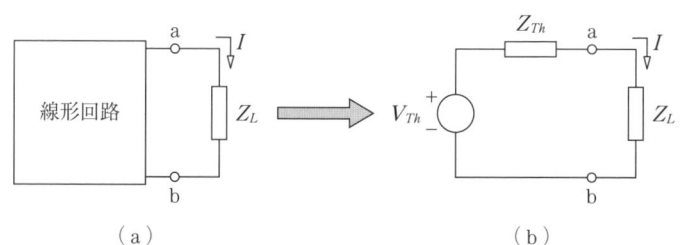

図1.20　テブナンの定理の適用

ここで重要なのが等価電圧源V_{Th}と等価インピーダンスZ_{Th}の値であり，それぞれつぎのように求める。

等価電圧源V_{Th}：a-b 端子を開放したときに a-b 端子に現れる電圧

18   1. 回 路 の 基 礎

等価インピーダンス Z_{Th}：回路内の電源を取り去った（電圧源であれば短絡，電流源であれば開放した）ときのa-b端子から見たインピーダンス

これらの値が求められれば，図（a）のテブナン等価回路から，負荷 Z_L に流れる電流 I は

$$I = \frac{V_{Th}}{Z_L + Z_{Th}} \tag{1.35}$$

で容易に計算できる。

　例えば，回路内のある一部分にこの定理を適用することで，その部分が電圧源とインピーダンスのみに置き換わるため，容易にその他の電圧や電流を求めることができるわけであり，先ほどの重ね合わせの理と同様，回路解析の一つのテクニックとして利用することができる。

例題 1.10　図 1.21（a）の回路についてテブナンの定理を適用し，a-b端子の左側を図（b）のように等価回路に置き換え，等価電圧源 V_{Th} と等価インピーダンス Z_{Th} の値を求めよ。

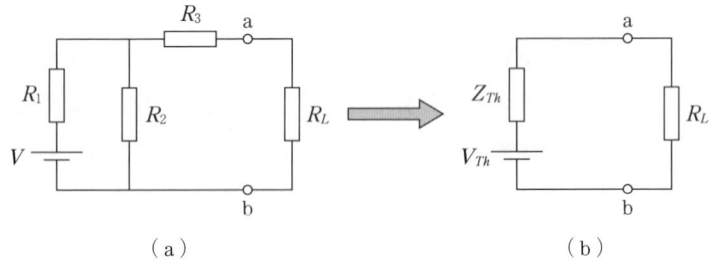

図 1.21　例題 1.10

【**解答**】　テブナンの等価電圧源 V_{Th} は，a-b端子の開放電圧である。図 1.22（a）のようにa-b端子を開放すると，R_3 には電流は流れないから，a-b端子の電圧は R_2 の電圧と同じでありこれを求めればよい。

　電圧源 V に R_1 と R_2 が直列に接続された回路が構成されているから，R_2 にかかる電圧は分圧の関係式より次式のようになる。

$$V_{Th} = \frac{R_2}{R_1 + R_2} V \tag{1.36}$$

1.5 テブナンの定理とノートンの定理

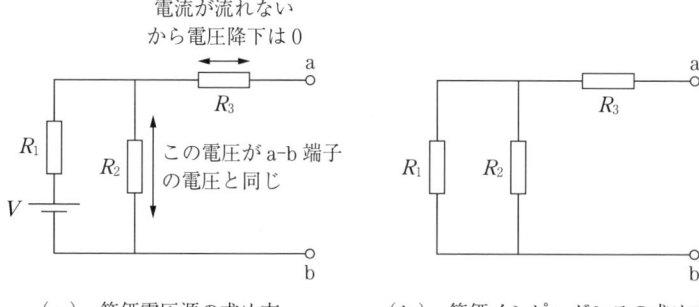

(a) 等価電圧源の求め方　　(b) 等価インピーダンスの求め方

図 1.22　例題 1.10 解答

一方，等価インピーダンス Z_{Th} は，図（b）のように電圧源 V を短絡して a-b 端子から見た抵抗である。R_1 と R_2 を並列接続したものに R_3 を直列接続した抵抗であるから，次式のようになる。

$$Z_{Th} = \frac{R_1 R_2}{R_1 + R_2} + R_3 \tag{1.37}☆$$

例題 1.11　図 1.23（a）の回路についてテブナンの定理を適用し，図（b）のように a-b 端子の左側を等価回路に置き換え，等価電圧源 V_{Th} と等価インピーダンス Z_{Th} の値を求めよ。

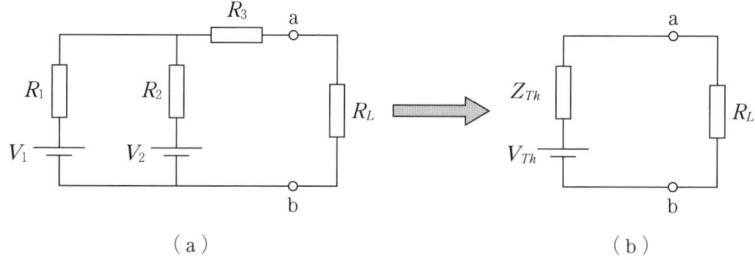

(a)　　　　　　　　　　　　(b)

図 1.23　例題 1.11

【解答】　図 1.24（a）のように a-b 端子を開放すると，例題 1.10 と同様に R_3 には電流は流れないから，a-b 端子の開放電圧については，R_1 の電圧と V_1 の和か，R_2 の電圧と V_2 の和のどちらかを求めればよい。

この閉路に時計回りに流れる電流を I とおくと

$$I = \frac{V_1 - V_2}{R_1 + R_2} \tag{1.38}$$

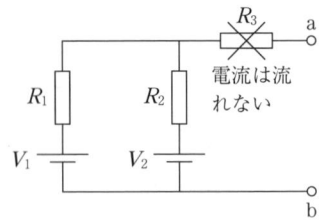 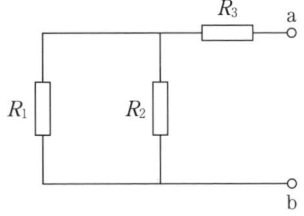

　　　（a）等価電圧源の求め方　　　　（b）等価インピーダンスの求め方

図1.24　例題1.11解答

であるから，R_1 の電圧と V_1 の和を求めるとすると，R_1 では電圧降下となることに注意して

$$V_{Th} = V_1 - R_1 I = V_1 - R_1 \frac{V_1 - V_2}{R_1 + R_2} = \frac{R_2 V_1 + R_1 V_2}{R_1 + R_2} \tag{1.39}$$

となる。R_2 の電圧と V_2 の和のほうを求めても計算結果は同じである。また等価インピーダンス Z_{Th} は，図（b）のように電圧源を短絡，電流源を開放して，a-b 端子から見た抵抗値である。R_1 と R_2 の並列接続に R_3 を直列接続したものであるから次式のようになる。

$$Z_{Th} = \frac{R_1 R_2}{R_1 + R_2} + R_3 \tag{1.40}☆$$

1.5.2　ノートンの定理

テブナンの定理と同様，図1.25（a）のように，電源を含む線形回路に対し a-b 端子を介して負荷（アドミタンスが Y_L）が接続されているとする。このとき，その線形回路がどのような構成であるかに関わらず，図（b）のように，ある電流源 I_N，アドミタンス Y_N に等価的に置き換えることができる。これを

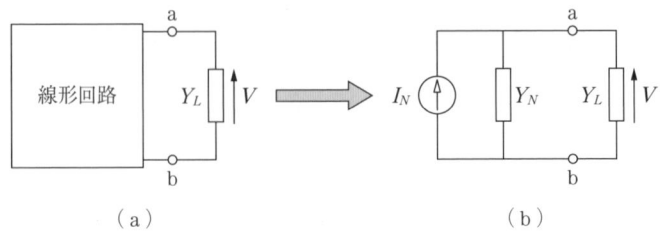

　　　　（a）　　　　　　　　　　　　　　　（b）

図1.25　ノートンの定理の適用

ノートンの定理(Norton's theorem) という。これはテブナンの定理と双対関係(電圧と電流, インピーダンスとアドミタンスなど, たがいに裏返しの関係)にあるといえる。

ここで重要なのが等価電流源 I_N と等価アドミタンス Y_N の値であるが, これはそれぞれつぎのように求める。

等価電流源 I_N: a-b 端子を短絡したときに a-b 端子に流れる電流

等価アドミタンス Y_N: 回路内の電源を取り去った(電圧源であれば短絡, 電流源であれば開放した)ときの a-b 端子から見たアドミタンス

これらの値が求まれば, 図 1.25(b) のノートン等価回路から, 負荷 Y_L に生じる電圧 V は次式となる。

$$V = \frac{I_N}{Y_L + Y_N} \tag{1.41}$$

テブナンの定理とノートンの定理の関係について, 以下に考察する。テブナンの定理による等価回路(**図 1.26**(a)), ノートンの定理による等価回路(図(b))のそれぞれの a-b 端子に同じ負荷(インピーダンスが Z_L, アドミタンスが $Y_L = 1/Z_L$)を接続したとき, その負荷に流れる電流と発生する電圧が等しければ, 両者は等価であるといえる。

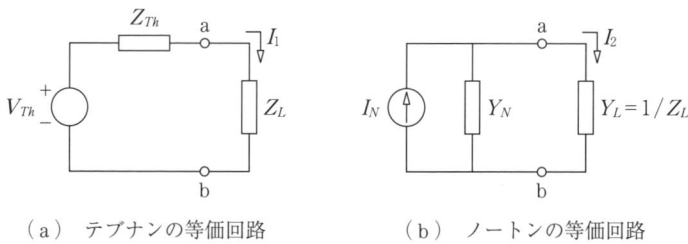

(a) テブナンの等価回路　　(b) ノートンの等価回路

図 1.26 テブナンの定理とノートンの定理の関係

図(a)において負荷に流れる電流 I_1 は式(1.35), 図(b)において負荷に流れる電流 I_2 は

$$I_2 = \frac{I_N}{Y_L + Y_N} Y_L \tag{1.42}$$

である。これらが等しい（$I_1 = I_2$）とすれば

$$\frac{V_{Th}}{Z_L + Z_{Th}} = \frac{I_N}{Y_L + Y_N} Y_L \Rightarrow \frac{\frac{V_{Th}}{Z_{Th}}}{\frac{Z_L}{Z_{Th}} + 1} = \frac{I_N}{1 + \frac{Y_N}{Y_L}} \tag{1.43}$$

であるから，両辺を比較して

$$Z_{Th} Y_N = 1, \quad V_{Th} = Z_{Th} I_N \tag{1.44}$$

となる。つまり，式 (1.44) が成り立てば二つの回路は等価であるといえる。

また，ある一つの回路をテブナンの等価回路，ノートンの等価回路にそれぞれ変換した場合，元の回路が同一であるから同じ負荷を接続すれば必ず同じ電圧と電流が発生する。つまり式 (1.43) がどのような Z_L に対しても成り立つ。式 (1.43) を変形すると

$$(V_{Th} Y_N - I_N) Z_L = I_N Z_{Th} - V_{Th} \tag{1.45}$$

となり，任意の Z_L に対して成り立つとすれば，式 (1.44) が導かれる。よって，同一の回路に対しては，式 (1.44) が必ず成り立つことがわかる。

例題 1.12 図 1.27（a）の回路においてノートンの定理を適用し，図（b）のようにa-b端子の左側を等価回路に置き換え，等価電流源 I_N とアドミタンス Y_N の値を求めよ。

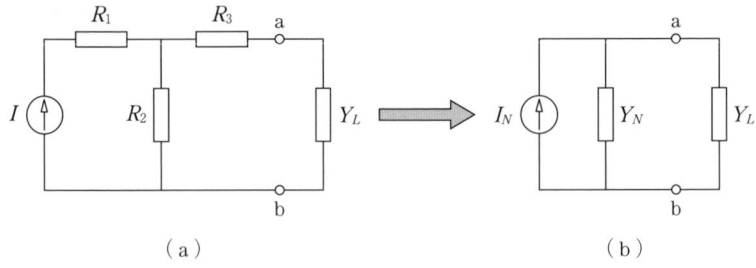

図 1.27　例題 1.12

【解答】 ノートンの等価電流源 I_N は，a-b 端子の短絡電流である。図 1.28（a）のようにa-b端子を短絡したとき，a-b端子に流れる電流は R_3 を流れる電流のことであり，分流の式によって

1.5 テブナンの定理とノートンの定理

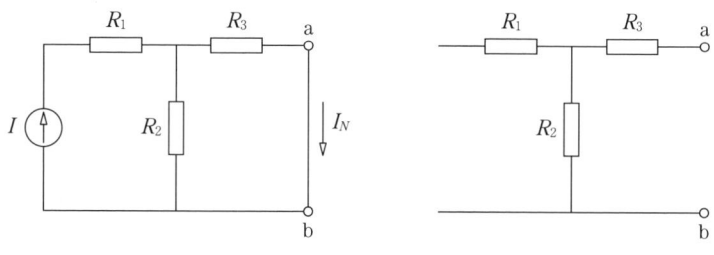

（a）等価電流源の求め方　　　　（b）等価アドミタンスの求め方

図 1.28　例題 1.12 解答

$$I_N = \frac{R_2}{R_2 + R_3} I \tag{1.46}$$

となる。

また、等価アドミタンス Y_N は、図（b）のように電流源を開放し a-b 端子から見たアドミタンスであるから

$$Y_N = \frac{1}{R_2 + R_3} \tag{1.47}$$

となる。　　　　　　　　　　　　　　　　　　　　　　　　　　　　　　☆

例題 1.13　図 1.29（a）の回路においてノートンの定理を適用し、図（b）のように a-b 端子の左側を等価回路に置き換え、等価電流源 I_N とアドミタンス Y_N の値を求めよ。

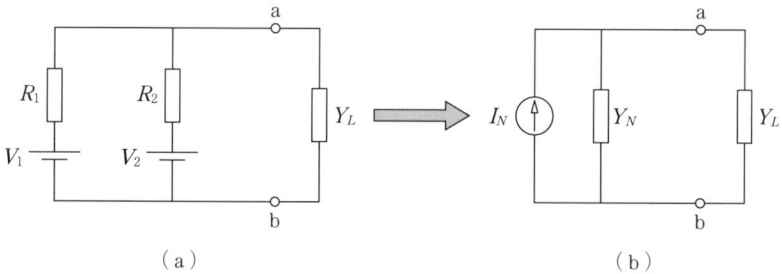

（a）　　　　　　　　　　　　　　　　（b）

図 1.29　例題 1.13

【解答】　図 1.30（a）のように a-b 端子を短絡すると、a-b 端子には、重ね合わせの理に基づき V_1 と V_2 による電流を足し合わせた電流 I_N が流れる。つまり

$$I_N = \frac{V_1}{R_1} + \frac{V_2}{R_2} \tag{1.48}$$

24   1. 回路の基礎

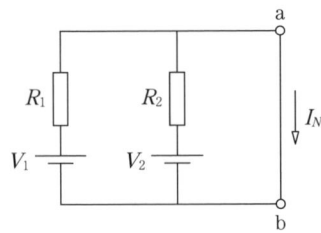
（a）等価電流源の求め方

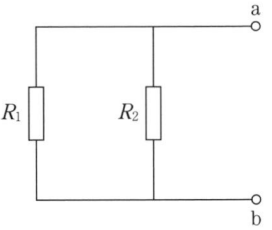
（b）等価アドミタンスの求め方

図1.30　例題1.13解答

となる。

また，等価アドミタンス Y_N は，図（b）のように電圧源を短絡し a-b 端子から見たアドミタンスであるから

$$Y_N = \frac{1}{R_1} + \frac{1}{R_2} = \frac{R_1 + R_2}{R_1 R_2} \tag{1.49}$$

となる。　　　　　　　　　　　　　　　　　　　　　　　　　　　　　☆

演 習 問 題

[1.1] 図1.31の回路において，接点 A, B, C における電位 V_A, V_B, V_C（電圧源 V の－端子に対する電位）をそれぞれ V を用いて表せ。

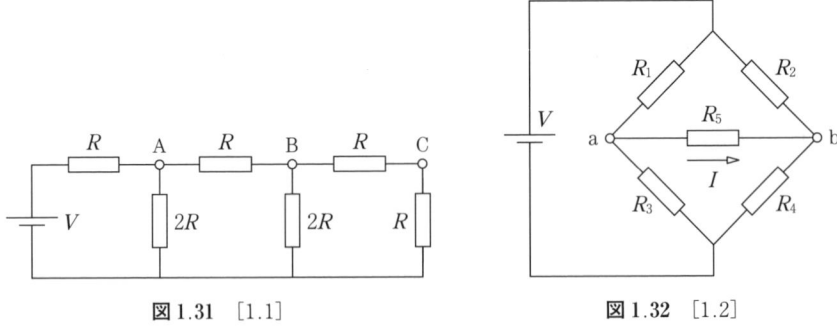

図1.31　[1.1]　　　　　　　図1.32　[1.2]

[1.2] 図1.32の回路において，R_5 を a 端子から b 端子へ流れる電流 I をキルヒホッフの電圧則を用いて求めよ。ただし，$V = 10\,\text{V}$, $R_1 = 1\,\Omega$, $R_2 = 2\,\Omega$, $R_3 = 3\,\Omega$, $R_4 = 4\,\Omega$, $R_5 = 1\,\Omega$ とする。

[1.3] 図1.33の回路において，R_3 を右向きに流れる電流 I を重ね合わせの理により求めよ。ただし，$V_1 = 5\,\mathrm{V}$，$V_2 = 10\,\mathrm{V}$，$R_1 = 2\,\Omega$，$R_2 = R_3 = R_4 = 1\,\Omega$ とする。

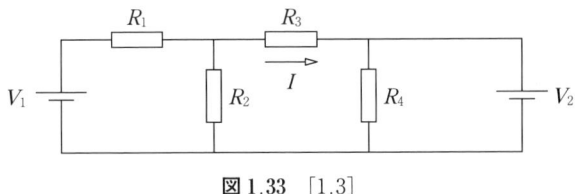

図1.33 [1.3]

[1.4] 図1.34の回路において，R_3 を下向きに流れる電流 I を重ね合わせの理により求めよ。ただし，$V_1 = 5\,\mathrm{V}$，$V_2 = 5\,\mathrm{V}$，$V_3 = 2\,\mathrm{V}$，$R_1 = 1\,\Omega$，$R_2 = 1\,\Omega$，$R_3 = 2\,\Omega$ とする。

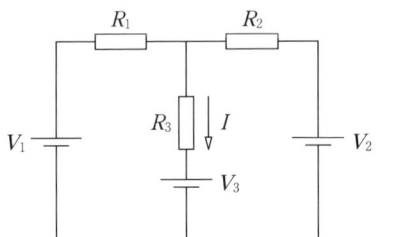

図1.34 [1.4]

[1.5] 図1.35の回路についてテブナンの定理を適用し，a-b端子の左側を等価回路に置き換え，R_L に流れる電流 I_L を求めよ。ただし，$V = 4\,\mathrm{V}$，$R_1 = R_2 = 1\,\Omega$，$R_3 = R_L = 2\,\Omega$ とする。

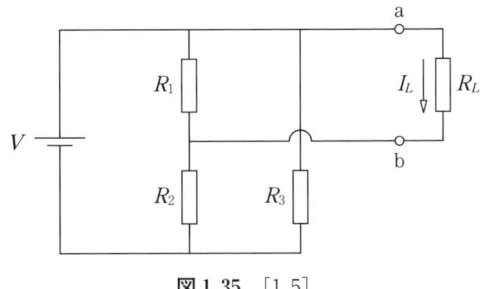

図1.35 [1.5]

[1.6] 図1.36の回路についてテブナンの定理を適用し，a-b端子の左側を等価回路に置き換え，R_L に流れる電流 I_L を求めよ。ただし，$V = 5\,\mathrm{V}$，$I = 2\,\mathrm{A}$，$R_1 = R_2 = R_L = 1\,\Omega$ とする。

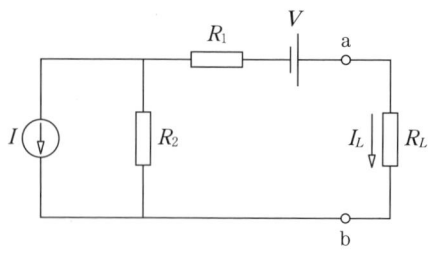

図1.36　[1.6]

[**1.7**]　図1.37の回路においてノートンの定理を適用し，a-b端子の左側を等価回路に置き換え，Y_Lにおける電圧V_Lと電流I_Lを求めよ。ただし，$V_1=1.5\,\mathrm{V}$，$V_2=1\,\mathrm{V}$，$R_1=1\,\Omega$，$R_2=2\,\Omega$，$R_3=1\,\Omega$，$Y_L=1\,\mathrm{S}$とする。

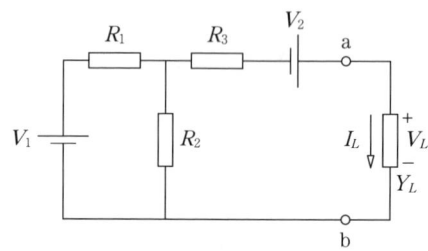

図1.37　[1.7]

2 ダイオードの特性と回路解析

本章では，電子回路で用いられる基本的かつ重要な半導体素子の一つである**ダイオード**（diode）について説明する。ダイオードは，演算回路や，交流を直流に変換する変換回路など広く応用され得るものであり，身の周りの多くの電気電子機器に利用されている。また，さまざまな素子を一つの基板上に組み込んで特定の機能を実現する半導体集積回路（semiconductor integrated circuit：IC）や大規模集積回路（large scale integrated circuit：LSI）においては，抵抗やキャパシタ，あるいは3章で述べるトランジスタなどとともに必須の素子となる。

2.1 ダイオードの概要

電流の正体は，物質中の荷電粒子の移動のことである。例えば，金属などの導体では，負の電荷を持つ自由電子が多く存在し，これらが移動することによって電流が流れるが，ガラスやプラスチックなどの絶縁体では荷電粒子がほとんど存在しないため電流が流れない。つまり，物質中にどれだけ多くの荷電粒子が存在するかによって導電性（電気伝導）が決まる。

半導体とは，電気の通じやすさである導電率〔S/m〕が導体ほど高くはなく，絶縁体ほど低くはない，導体と絶縁体の中間的な物質である。半導体としてはシリコン（Si）やゲルマニウム（Ge）が代表的である。例えば，シリコンは，原子番号が14で電子の数は14であるが，その最外殻軌道の電子（**価電子**という）の数は4である。したがって，隣り合う四つのシリコン原子どうしが最外殻軌道の電子を共有すれば，最外殻軌道に八つの電子を持つ安定な状態と

なる。このようにシリコン原子のみが共有結合によって結晶構造（シリコン結晶やゲルマニウム結晶はダイヤモンド構造と呼ばれる）を形成する半導体を**真性半導体**という。

半導体において電気伝導を担う荷電粒子は，マイナスの電荷を持つ**電子**とプラスの電荷を持つ**正孔**の二つであり，これらを**キャリヤ**（carrier）と称するが，温度上昇とともにこれらのキャリヤ密度も増加するという性質を持つ。

真性半導体においては両者のキャリヤ密度は等しいが，これに不純物を混入（ドーピング）してキャリヤ密度を大きく変えたものが**不純物半導体**である。この中で，周期表のIII族の元素（ホウ素（B），ガリウム（Ga），インジウム（In）など）を不純物としてドーピングしたものが**p型半導体**であり，このときの不純物を**アクセプタ**（acceptor）という。

図2.1（a）に示すように，アクセプタの価電子は半導体中の共有結合において価電子が一つ不足することになり，これを補うために近くにある電子が飛び移り，その電子があった場所に穴ができる。この穴を半導体中を移動するプラスの電荷（正孔）とみなせば，正孔が多数キャリヤである半導体となる。

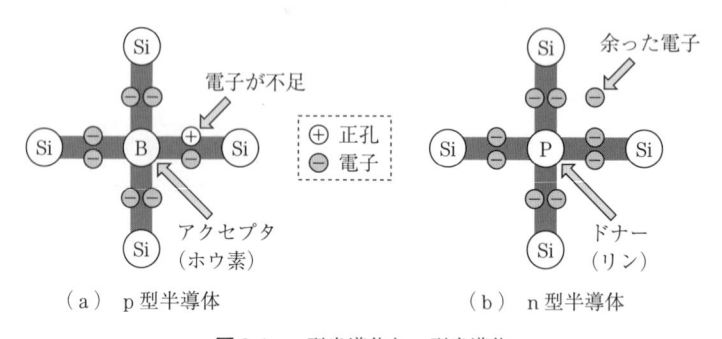

（a）p型半導体　　　（b）n型半導体

図2.1　p型半導体とn型半導体

一方，V族の元素（リン（P），ヒ素（As），アンチモン（Sb）など）をドーピングしたものが**n型半導体**であり，このときの不純物を**ドナー**（donor）という。図（b）に示すように，ドナーの価電子のうち一つは共有結合に使われずに余り，マイナスの電荷（**自由電子**）となって移動できることから，n型半導体はこの自由電子（以下，単に電子という）が多数キャリヤとなる。

2.1 ダイオードの概要

ダイオードは，p型半導体とn型半導体を電気的に接合した素子であり，**pn接合ダイオード**（pn junction diode）とも呼ばれる。**図2.2**にダイオードの図記号を示す。アノード（陽極）とカソード（陰極）と呼ばれる二つの端子を持ち，この向きが重要なポイントとなる。

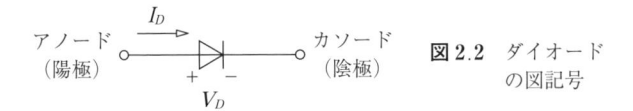

図2.2 ダイオードの図記号

p型半導体とn型半導体を接合すると，接合面付近でキャリヤ（電子と正孔）の移動が起きる。**図2.3**（a）のように，p型半導体における多数キャリヤである正孔がn型半導体のほうへ，n型半導体における多数キャリヤである電子がp型半導体のほうへ，濃度差によって移動（**拡散**）し，たがいの領域にキャリヤが入り込んでいく。

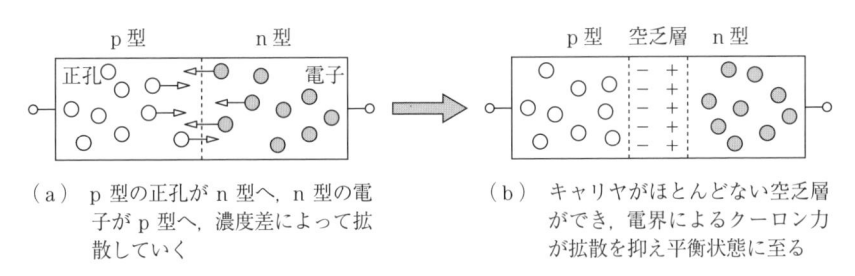

（a）p型の正孔がn型へ，n型の電子がp型へ，濃度差によって拡散していく

（b）キャリヤがほとんどない空乏層ができ，電界によるクーロン力が拡散を抑え平衡状態に至る

図2.3 ダイオードにおけるキャリヤの様子

接合面付近において，例えばp型のほうは正孔が出ていったため，イオン化（マイナス）したアクセプタが残っている。出ていった正孔は電子と再結合することで消滅する。また，n型のほうは電子が出ていったため，イオン化（プラス）したドナーが残っており，出ていった電子は同様に正孔と再結合し消滅する。この結果，接合面付近には図（b）のようにキャリヤの存在しない**空乏層**（空間電荷層）ができ，残されたアクセプタイオンとドナーイオンにより電界が発生する。キャリヤは電界によってクーロン力を受けるが，拡散の方向と逆向きであるため，これらがいずれつり合い，平衡状態へと至る。また，

この電界による電位差は，たがいの領域間の拡散の障壁となるため，**電位障壁**（拡散電位）と呼ばれる。

このpn接合ダイオードは，次節で説明する整流作用が最も重要な性質であり，この性質を利用してさまざまな電子回路が設計できる。なお，ダイオードに用いる半導体としては，セレンやゲルマニウム，シリコンなどが使われてきたが，現在ではシリコンを使った「シリコンダイオード」が主流となっている。

2.2 ダイオードの特性

2.2.1 ダイオードの整流作用

図2.4（a）のように，p型が正，n型が負，つまりp型のほうが電位が高くなるような電圧を印加すると，電位障壁が小さくなり多数キャリヤの拡散が始まり，正孔がp型からn型へ，電子がn型からp型へ移動することにより電流が流れる。また，この電圧を高くするほどさらに大きな電流が流れる。このような電圧の加え方を**順バイアス**（forward bias）という。

図（b）のように，n型が正，p型が負，つまりn型のほうが電位が高くな

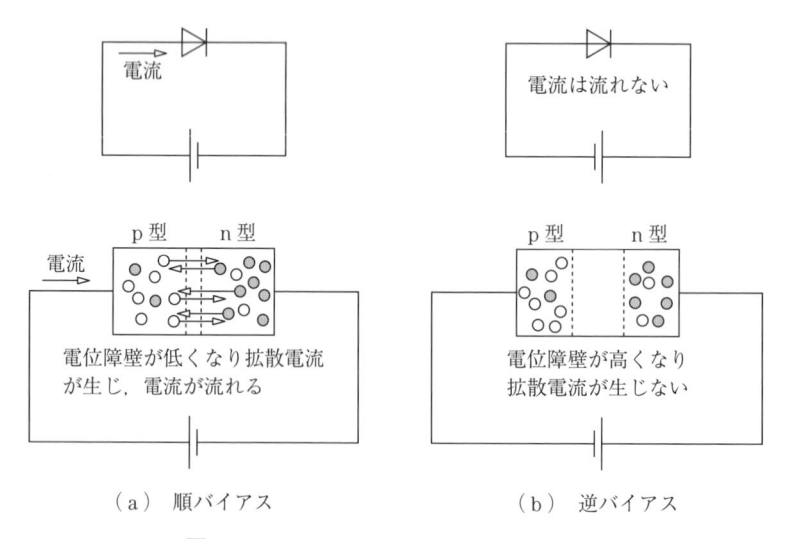

（a）順バイアス　　　　　　　　　（b）逆バイアス

図2.4 ダイオードの順バイアスと逆バイアス

るような電圧を印加すると,空乏層が大きくなり多数キャリヤの拡散が起こらず,ほとんど電流は流れない。この際,少数キャリヤの拡散によって非常に小さい電流が流れ,これを**逆方向飽和電流**という。また,このような電圧の加え方を**逆バイアス**(backward bias)という。

このように,順バイアス時には大きな電流(順電流)が流れ,逆バイアス時にはほとんど電流(逆電流)が流れない,つまり一方向にしか電流を流さないような特性を**整流**(rectification)**作用**という。例えば,交流電圧が印加された場合を考えると,この整流作用により電流は一方向にしか流れないため,直流電流に変換されることになる。

2.2.2 ダイオードの電圧電流特性

ダイオードに流れる電流 I_D は,印加する電圧 V_D を用いて

$$I_D = I_s \left\{ \exp\left(\frac{qV_D}{kT}\right) - 1 \right\} \tag{2.1}$$

と表される。ここで,I_s は逆方向飽和電流,q は素電荷(1.6×10^{-19} C),k はボルツマン定数(1.38×10^{-23} J/K),T は絶対温度(室温で約 300 K)である。

この電圧電流特性をグラフで表したものが**図 2.5** である。$V_D > 0$ のときが順バイアスであり,V_D が大きくなるにつれて電流 I_D は式 (2.1) のとおり指数関数的に増加していく。$V_D < 0$ のときが逆バイアスであり,V_D が負に大きく

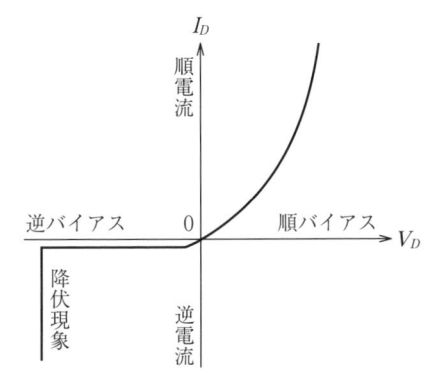

図 2.5 ダイオードの電圧電流特性

なるにつれて、式 (2.1) 中の $\exp(qV_D/kT)$ の項は 0 に収束していくため、電流 I_D は $-I_s$ という値に近づいていく。これが先に述べた逆方向飽和電流であり、その大きさはきわめて小さい。

また、さらに V_D を負に大きくしていくと、図に示すように、ある電圧で突然大きな電流が流れ出す、**降伏**（breakdown）という現象が起きる。このときの電圧を降伏電圧という。降伏現象には**ツェナー降伏**（Zener breakdown）と**電子雪崩降伏**（avalanche breakdown）の 2 種類がある。

ツェナー降伏とは、p 型と n 型の不純物濃度を高くした場合に、空乏層が非常に狭くなり p 型の電子が n 型のほうへエネルギーギャップを飛び越えて通り抜けるトンネル効果という現象が起き、逆方向の大きな電流が流れることである。

一方、電子雪崩降伏は、空乏層内で、電子や正孔が高電界の下で加速され、結晶の原子に衝突して電子 – 正孔対を生じさせ（衝突電離）、さらにそれらが加速され別の原子に衝突して電子 – 正孔対を生じさせる、という現象が雪崩的に起き、大きな電流となることである。

例題 2.1 素電荷 $q = 1.6 \times 10^{-19}$ C、室温 $T = 300$ K、ボルツマン定数 $k = 1.38 \times 10^{-23}$ J/K、逆方向飽和電流 $I_s = 5.0 \times 10^{-13}$ A として、順電圧 V_D が ① 0.2 V、② 0.4 V、③ 0.6 V のときのダイオードの電流 I_D を求めよ。また、V_D が ④ -0.2 V、⑤ -2.0 V のように逆バイアスとなるときの電流 I_D も求めよ。

【解答】 式 (2.1) にそれぞれの順電圧を代入して計算すると、例えば ① の場合は

$$I_D = 5.0 \times 10^{-13} \left\{ \exp\left(\frac{1.6 \times 10^{-19} \times 0.2}{1.38 \times 10^{-23} \times 300} \right) - 1 \right\} = 1.14 \times 10^{-9} \text{ A} \tag{2.2}$$

となり、同様に、② 2.6×10^{-6} A、③ 5.9×10^{-3} A と計算でき、電圧の増加とともに電流が急激に増加していくことがわかる。一方、逆バイアスとなるときは、④ -5.0×10^{-13} A、⑤ -5.0×10^{-13} A となり、電圧に関わらずほぼ I_s の値となる。　　☆

これまで pn 接合ダイオードについて原理を述べてきたが、これ以外にも、降伏現象を積極的に利用し一定の電圧を得るのに用いるツェナーダイオード（定電圧ダイオード）、金属と半導体の接合を持つショットキーバリヤダイオード、化合物半導体などを使用しキャリヤの再結合によるエネルギーを光として

放出する発光ダイオード（LED），逆に光検出器として動作するフォトダイオードなどもある。ツェナーダイオードについては2.6節で簡単に紹介するが，その他のダイオードの詳細についてはそれぞれの専門書に譲る。

2.3 理想ダイオード回路の解析

2.3.1 理想ダイオード

電子回路におけるダイオードの働きを考える際，式(2.1)のような特性は考えず，ただ電流が流れるか流れないかの2通りのみをとらえれば十分であることが多い。例えば，**図2.6**（a）の電圧電流特性のように，順バイアス時には$V_D>0$とした瞬間に無限大の電流が流れる（**導通**），つまりインピーダンスが0であると考える。逆バイアス時にはV_Dの値に関わらず電流がまったく流れない（**遮断**），つまりインピーダンスが無限大であると考える。このような考え方のダイオードを**理想ダイオード**（ideal diode）という。

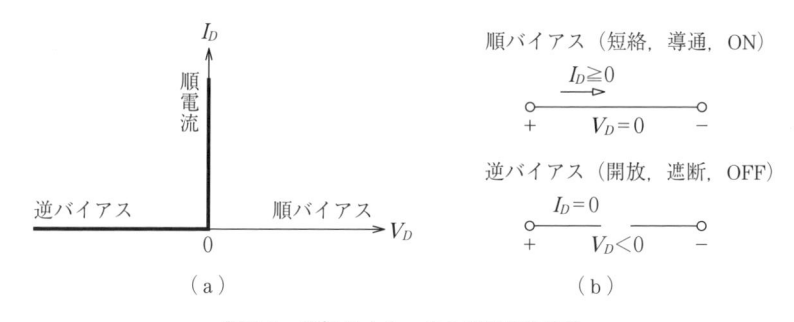

図2.6 理想ダイオードの電圧電流特性

理想ダイオードのとらえ方を図（b）に示す。順バイアス時はインピーダンスが0であるから，回路中ではその部分を短絡して考えることができる。一方，逆バイアス時はインピーダンスが無限大であるから，その部分を開放して考えることができる。このように理想ダイオードは，導通（ON）と遮断（OFF）の二つの状態しか持たない**2値素子**（binary cell）である。

図2.6の理想ダイオードモデルは印加電圧の向きによって開閉するスイッチ

のようなモデルであり，極端に単純化したものであったが，場合によっては以下に述べるように，2.2.2項で述べた実際のダイオード特性により近いモデルを考えることもある。

まず最初に，順電流を流すために必要な電圧である順方向の電圧降下 V_F をモデルに加える。順方向の電圧降下は，電流，つまりキャリヤの移動を起こすために最低限必要な電圧であり，また順バイアス時にはアノードからカソードへこの電圧分だけ電圧降下が起きる。急激に電流が流れ始める電圧であるため，**立上り電圧**ともいう。シリコンダイオードの場合は 0.6〜0.7 V 程度とさ

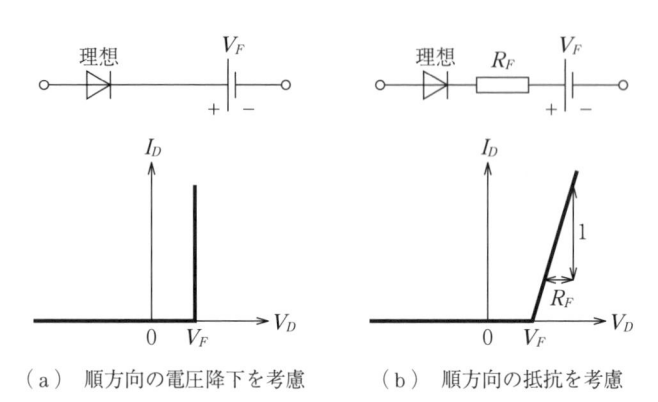

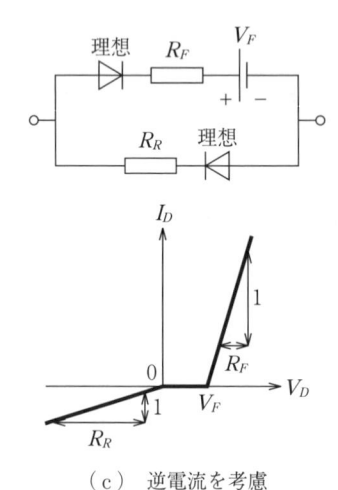

（a）順方向の電圧降下を考慮　　（b）順方向の抵抗を考慮

（c）逆電流を考慮

図 2.7　詳細なダイオードモデル（区分線形モデル）

れる．これを含めたモデルが**図 2.7**（a）である．

つぎに，順バイアス時の傾きについて，実際の特性は式 (2.1) のとおり指数関数であるが，これを線形（直線）的なモデルで近似する．抵抗 R_F を挿入するとすれば傾きが $1/R_F$ の直線となり，図（b）のようなモデルができる．

さらに，逆バイアス時の逆方向飽和電流についても，先と同様に抵抗を用いて線形的なモデルとして表現する．抵抗 R_R を挿入するとすれば傾きが $1/R_R$ の直線となり，図（c）のようなモデルができる．ただし，逆方向飽和電流は基本的には非常に小さいので，R_R の値は R_F に比べて大きい．このように直線をつなぎ合わせることで実際のダイオードにより近い表現をするものを**区分線形モデル**（区分折れ線近似）という．

2.3.2 理想ダイオード回路の解析例

2.3.1 項で述べたとおり，理想ダイオードとは，実際のダイオード特性を近似的に単純化したものである．この考え方を利用して，ダイオードを含んだ回路に対し，理想ダイオードあるいは区分線形モデルとしてみなすことで，その回路を流れる電流やダイオードの状態を求めてみる．

図 2.8（a）の回路は交流電源 v_S に抵抗 R と理想ダイオードをつないだもの

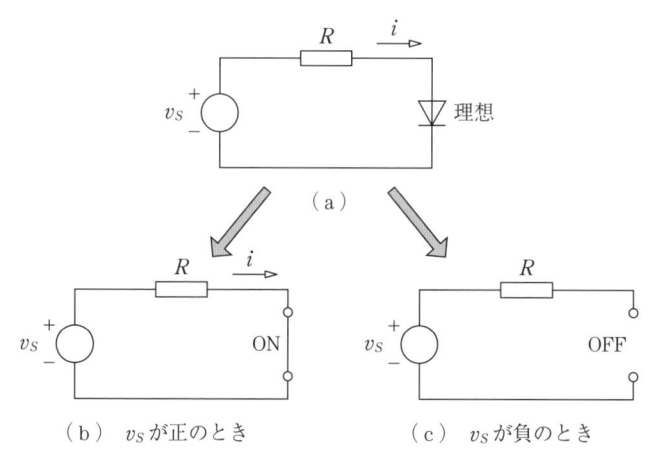

（a）

（b） v_S が正のとき　　　（c） v_S が負のとき

図 2.8 理想ダイオード回路の解析例

であり，この回路を流れる電流 i を求める。理想ダイオードが ON 状態となるには交流電源 v_S が正でなければならないと考えられる。この場合，図（b）のような回路とみなすことができ，回路には $i=v_S/R$ の電流が流れる。逆に OFF 状態となるためには v_S が負でなければならず，このときは図（c）のような回路で表現でき，$i=0$ である。

例題 2.2 図 2.9（a）において，$R_1=R_L=10\,\Omega$，電圧源 v_S が図（b）のように最大値 $+10\,\mathrm{V}$，最小値 $-10\,\mathrm{V}$，周期 $1\,\mathrm{ms}$ の方形波であるとする。理想ダイオードと考えるとき，電圧 v_L の波形を描け。

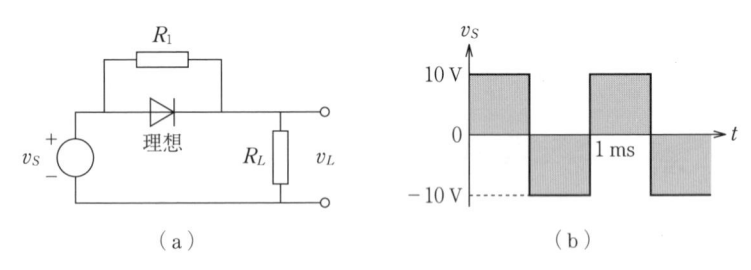

図 2.9 例題 2.2

【解答】 電圧 v_S が正であるとき，ダイオードは ON 状態となり，図 2.10（a）の回路と等価となる。よって v_L の電圧は v_S と同じ $10\,\mathrm{V}$ である。一方，電圧 v_S が負で

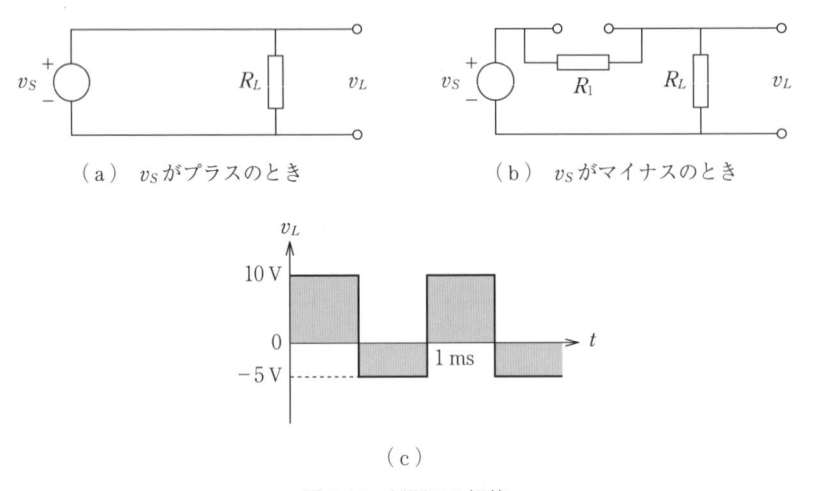

（a）v_S がプラスのとき　　（b）v_S がマイナスのとき

（c）

図 2.10 例題 2.2 解答

2.3 理想ダイオード回路の解析

あるとき，ダイオードは OFF 状態，図（b）の回路と等価となる。よって v_L の電圧は R_1 と R_L の分圧により $-5\,\mathrm{V}$ となる。したがって，電圧 v_L の波形は図（c）のようになる。 ☆

例題 2.3 ダイオードの特性を図 2.7（a）のモデル（$V_F = 0.7\,\mathrm{V}$）で考える場合に，**図 2.11（a）** の回路における負荷 R_L の電圧 v_L の波形を描け。入力電圧 v_S は，図（b）のように周期 T，振幅 $2\,\mathrm{V}$ の方形波であるとする。

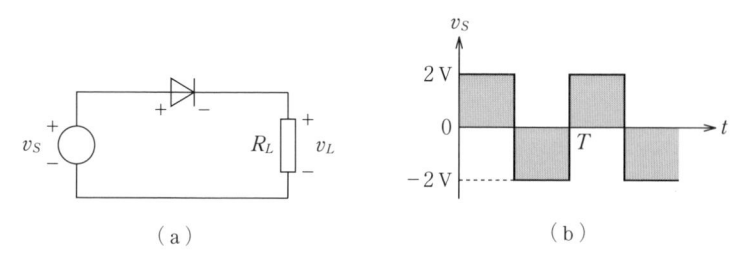

図 2.11 例題 2.3

【解答】 入力電圧 v_S が $+2\,\mathrm{V}$ のとき，ダイオードは順バイアスとなり電流が流れる。このとき**図 2.12（a）**のように，ダイオードには $0.7\,\mathrm{V}$ の順方向への電圧降下が生じているので，負荷 R_L における電圧 v_L は図（b）のように $1.3\,\mathrm{V}$ となる。また，v_S が $-2\,\mathrm{V}$ のときは，ダイオードは逆バイアスであり，図（c）のように電流は流れない。よって負荷 R_L の電圧 v_L は $0\,\mathrm{V}$ である。

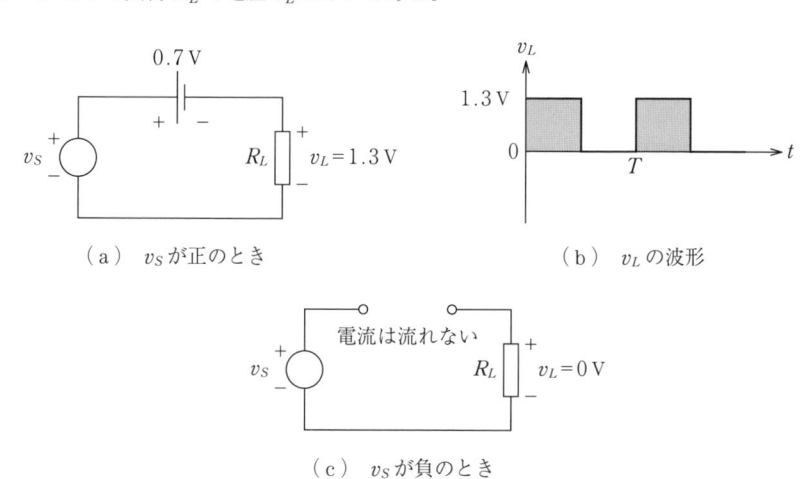

（a）v_S が正のとき

（b）v_L の波形

（c）v_S が負のとき

図 2.12 例題 2.3 解答 ☆

2. ダイオードの特性と回路解析

例題2.4 ダイオードの特性を図2.7（a）のモデル（$V_F=0.7\,\mathrm{V}$）で考える場合に，**図2.13**（a）の回路におけるダイオード部分の電圧 v_D の波形を描け。入力電圧 v_S は，図（b）のように周期 T，振幅2Vの正弦波であるとする。

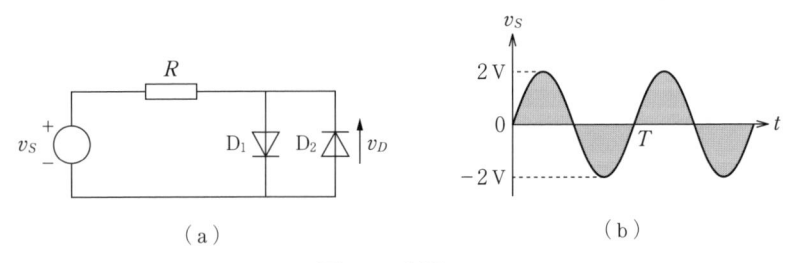

図2.13 例題2.4

【解答】 まず，入力電圧 v_S が正のとき，$V_F=0.7\,\mathrm{V}$ を超えると D_1 は ON 状態となり，v_D は0.7Vより大きくはならない。また，v_S が0.7V以下のときはいずれのダイオードも OFF 状態であり，v_S がそのまま v_D に現れる。入力電圧 v_S が負のときは D_1 と D_2 を入れ替えて考えればよい。結果的に v_D は**図2.14**のような波形となる。

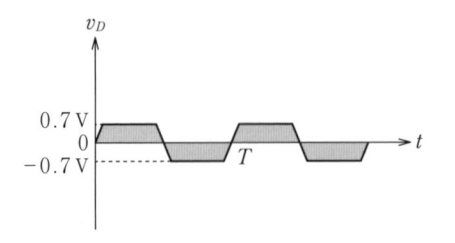

図2.14 例題2.4解答

☆

例題2.5 図2.15において，D_1，D_2 を図2.6のような理想ダイオードと考える場合，入力電圧を $V_1=3\,\mathrm{V}$，$V_2=1\,\mathrm{V}$ としたとき，各ダイオードは ON 状態，

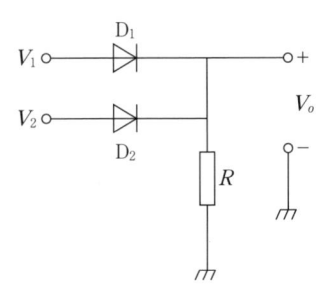

図2.15 例題2.5

2.3 理想ダイオード回路の解析

OFF状態のどちらとなるか，また出力電圧 V_o はいくらになるか答えよ．

【解答】 最初に V_1 に 3 V を加えて D_1 が ON 状態になったとすると，そのときの出力電圧 V_o は 3 V である．つぎに，V_2 に 1 V を加えたとすると，D_2 にとってはカソードが 3 V であるため ON 状態にはならない．よって，D_1 が ON，D_2 が OFF，$V_o = 3$ V となる．つまりこの回路では，二つの入力電圧で高い方のダイオードのみが ON 状態となり，出力電圧はその電圧と等しくなる．

また，この回路の入力に，例えば 5 V（H レベル）と 0 V（L レベル）のいずれかの電圧を加えるとすると，出力には**表 2.1** のようなレベルの電圧が現れる．これは二つの入力信号に対し論理和の演算をしていることと同じであるため，この回路は **OR 回路**（論理和回路）であるといえる．

表 2.1 例題 2.5 解答

V_1	V_2	V_o
L	L	L
L	H	H
H	L	H
H	H	H

☆

例題 2.6 図 2.16 において，D_1，D_2 を図 2.6 のような理想ダイオードとみなし，先の例題で述べたように V_1 と V_2 に H レベルと L レベルのいずれかの電圧を加えるとき，表 2.1 のような入出力レベルの表を作成せよ．

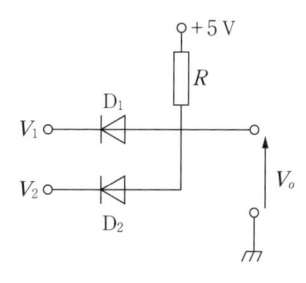

図 2.16 例題 2.6

【解答】 この回路では，V_1 が L レベルのとき D_1 は ON，V_2 が L レベルのとき D_2 は ON となり，どちらかが ON となれば出力 V_o は L レベルとなる．出力が H レベルとなるのは入力がともに H レベルのときだけである．よって**表 2.2** のような入出力関係となり，これは二つの入力信号に対し論理積の演算をしていることと同じであるため，**AND 回路**（論理積回路）であるといえる．

40   2. ダイオードの特性と回路解析

表 2.2 例題 2.6 解答

V_1	V_2	V_o
L	L	L
L	H	L
H	L	L
H	H	H

☆

図 2.8 やそのあとの例題のようなある程度単純な回路であればダイオード電流の解析は容易であるが，複数のダイオードや電源を含む回路など，解析が簡単ではないときは，以下のような手順を踏めば確実に理解できる．

① ダイオードが順バイアスであると仮定し，その部分を短絡する．

② ダイオードを流れる電流 i_D を計算する．

③ $i_D > 0$ であれば，ダイオードは確かに順バイアスされていることになり，①の仮定は正しいことがわかる．$i_D < 0$ であれば仮定は正しくない．

④ $i_D < 0$ であれば，ダイオードの部分を開放し，その開放電圧 v_D を求める．v_D は負の電圧になっているはずである．

例題 2.7 図 2.17 において，D_1, D_2 を理想ダイオードと考えるとき，各電流 i_1, i_2 はいくらになるか答えよ．ただし，$V_1 = 3\,\mathrm{V}$，$V_2 = 1\,\mathrm{V}$，$V_S = 3\,\mathrm{V}$，$R = 200\,\Omega$ とする．

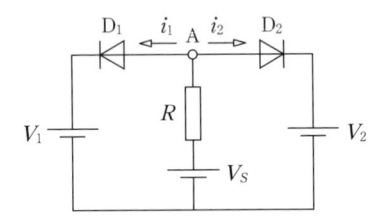

図 2.17 例題 2.7

【解答】 先に述べた手順に従ってダイオードの状態を求める．まず，D_1 が順バイアスであると仮定し，D_1 を短絡してここを流れる電流 i_1 を求めてみる．ここで，右側には D_2 があるため，電流 i_1 はすべて抵抗 R のほうから流れてきたものと考えられる．$V_S = 3\,\mathrm{V}$ であり，もし抵抗 R に電流が流れるとすれば，点 A における電位は R での電圧降下によって必ず 3 V 以下となる．また，$V_1 = 3\,\mathrm{V}$ であるから，点 A におけ

る電位のほうが低く，電流 i_1 は正にはならない．よって，D_1 が順バイアスであるという仮定は誤りであり，OFF 状態となることがわかる．

一方，D_2 が順バイアスであると仮定し，短絡して考えると，$V_S=3\,\mathrm{V}$，$V_2=1\,\mathrm{V}$，$R=200\,\Omega$ であるから

$$i_2 = \frac{V_S - V_2}{R} = \frac{3-1}{200} = 10\,\mathrm{mA}$$

であり，$i_2>0$ であるから D_2 が順バイアスであるという仮定は正しいことがわかる．よって，$i_1=0\,\mathrm{mA}$，$i_2=10\,\mathrm{mA}$ となる． ☆

2.4 グラフ解析

ダイオードを含む回路の電圧や電流については，図 2.5 のような電圧電流特性を持つから，ダイオード特性を含めて正確に計算して求めることは難しい．そこで，つぎに述べるグラフによる解析が便利である．

まず，図 2.18（a）の回路のように，ダイオード以外の部分（a-b 端子より左側）がすべてテブナンの定理により，等価電圧源と抵抗として表現されていると仮定する．つまり電圧源，抵抗，ダイオードが直列に接続された回路を考え，これを流れる電流 i_D とダイオードの電圧 v_D を求めていく．まず，回路全体を見れば，キルヒホッフの電圧則より

$$V_{Th} = R_{Th} i_D + v_D \tag{2.3}$$

であることがわかる．この式を書き換えると

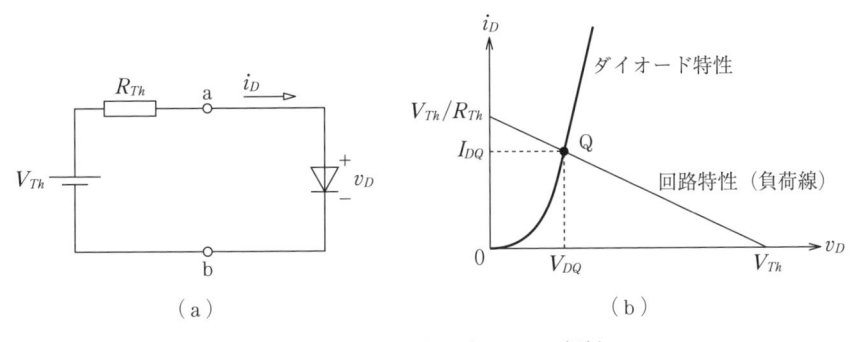

図 2.18 ダイオード回路のグラフ解析

$$i_D = -\frac{1}{R_{Th}}v_D + \frac{V_{Th}}{R_{Th}} \tag{2.4}$$

であるから，図 (b) のように縦軸を i_D，横軸を v_D とした電圧電流特性グラフを描くとすれば，傾きが $-1/R_{Th}$ で，y 切片が V_{Th}/R_{Th}，x 切片が V_{Th} の右肩下がりの直線として表される。これはダイオードの特性に関わらず，ダイオード以外の回路素子（抵抗や電圧源）によって決められる特性を表すものであり，この直線を**負荷線**（**直流負荷線**）と呼ぶ。一方，v_D と i_D はダイオードの電圧と電流であるから，式 (2.1) や図 2.5 のような特性を持つ。

つまり，**図 2.18**（b）のように，回路から得られる特性式とダイオード特性式は同一グラフ上に描くことができ，電流や電圧を解析することが可能である。ここで，この回路の電流 i_D とダイオードの電圧 v_D は，両方の特性式を満たす唯一の解であるから，それは二つの線の交点 (V_{DQ}, I_{DQ}) であるとわかる。この交点を**直流動作点**（**平衡点**，**Q 点**）と呼ぶ。

さらに，**図 2.19**（a）のようにこれに交流電源 $v_{th} = V_{th}\sin(\omega t)$ を追加したとする。直流成分と交流成分を合わせた電圧源全体の値は V_{Th} を中心として最大が $V_{Th} + V_{th}$，最小が $V_{Th} - V_{th}$ で周期的に変化するが，これをあらためてグラフ上で表現すると，図 (b) のように回路特性式の x 切片は最大 $V_{Th} + V_{th}$，最小 $V_{Th} - V_{th}$ と変化し，最大のとき交点は A，最小のとき交点は B となる。つまり，ダイオード電圧と電流の値は，Q 点を中心として点 A と点 B を往復

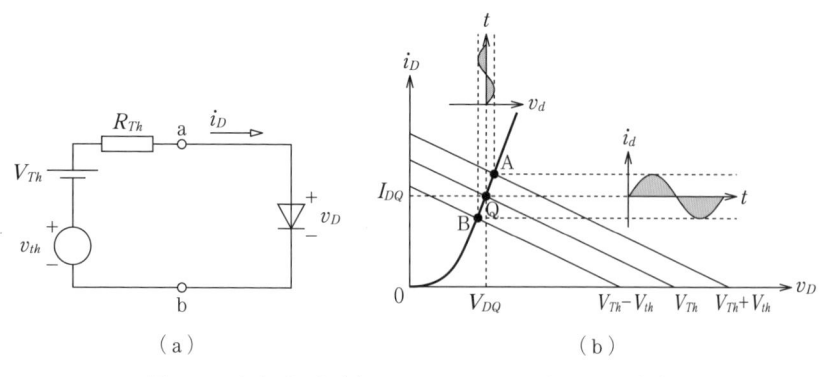

図 2.19　交流電源を追加したダイオード回路のグラフ解析

するような軌跡を描くことがわかる。さらに，グラフ内に示すように交流成分の電圧 v_d と電流 i_d の正弦波状波形も作図により確認できる。このように，計算ではなく作図をすることによりダイオード回路の電流や電圧を求める手段は有効といえる。

例題 2.8 図 2.20（a）の回路におけるダイオードの電圧と電流を以下の手順で求めよ。ただし，ダイオード特性は図（b）のとおりであり，$V_s = 6$ V，$R_1 = R_2 = R_D = 500$ Ω とする。

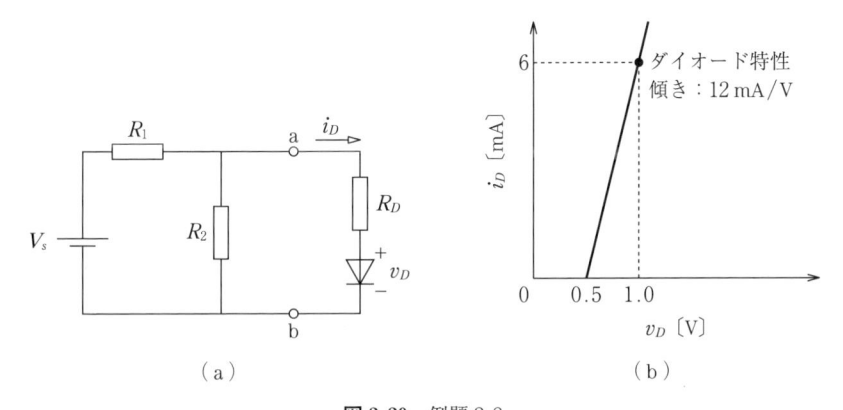

図 2.20　例題 2.8

① テブナンの定理により a-b 端子の左側を等価電圧源 V_{Th} と等価インピーダンス R_{Th} に置き換える。
② ①のテブナン等価回路において電圧電流関係式を求める。
③ ②の関係式とダイオード特性をグラフに描き交点を求める。

【解答】 ① 等価電圧源 V_{Th} は a-b 端子の開放電圧であり，R_1 と R_2 の直列回路における R_2 の電圧を求めればよい。

$$V_{Th} = \frac{R_2}{R_1 + R_2} V_s = \frac{500}{500 + 500} \times 6 = 3 \text{ V} \tag{2.5}$$

等価インピーダンス R_{Th} は電源を取り去って a-b 端子から見たインピーダンスである。これは R_1 と R_2 の並列接続となるから

$$R_{Th} = \frac{R_1 R_2}{R_1 + R_2} = \frac{500 \times 500}{500 + 500} = 250 \text{ Ω} \tag{2.6}$$

② テブナン等価回路は**図 2.21**（a）のとおりであり，この回路における電圧と電流の関係式はキルヒホッフの法則を用いて

$$V_{Th} = (R_{Th} + R_D) i_D + v_D \tag{2.7}$$

となる。

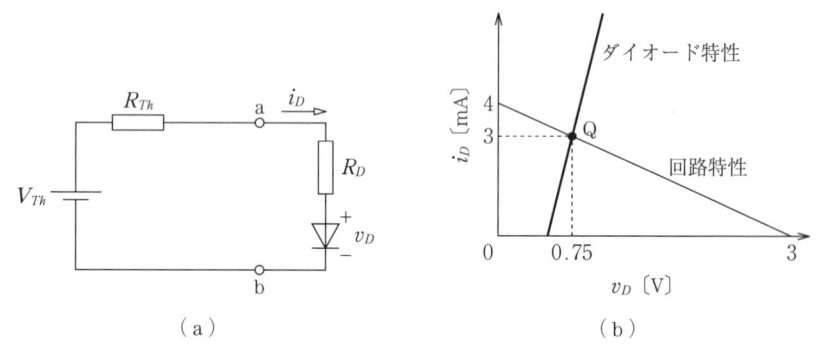

図 2.21 例題 2.8 解答

グラフに描くと，図（b）のように傾きが $-1/(R_{Th}+R_D)(=-1/750)$，y 切片が $V_{Th}/(R_{Th}+R_D)(=0.004)$ の直線となる。

③ ダイオード特性と回路関係式をグラフに描くと図（b）のようになる。交点（Q点）の座標が解であり

$$v_D = 0.75\,\text{V},\ i_D = 3\,\text{mA}$$

となる。　　　　　　　　　　　　　　　　　　　　　　　　　　　　　☆

2.5　小信号等価回路解析

図 2.19 のように，ダイオード回路に直流信号 V_{Th} と交流信号 v_{th} を合わせて印加する場合を考える。ダイオードの電圧電流特性は図 2.5 に示したとおり非線形であり，この回路においても電圧 v_D と電流 i_D の関係は当然，図 2.5 に示すように指数関数の曲線として表される。ここで，交流信号 v_{th} の振幅 V_{th} が大きい場合と小さい場合を考えてみる。振幅が大きい場合は，**図 2.22**（a）に示すとおりであり，動作点（Q 点）を中心として曲線上の広範囲（点 A から点 B）にわたってたどっていき，非線形な特性が大きく反映されるといえる。

2.5 小信号等価回路解析

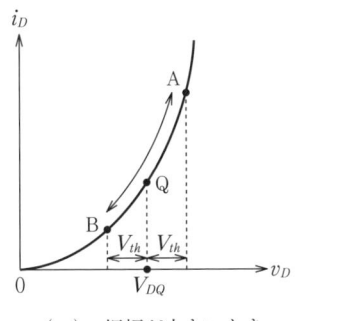

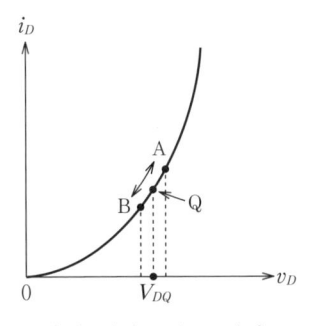

(a) 振幅が大きいとき　　(b) 振幅が小さいとき

図 2.22　ダイオード特性曲線上の動作

一方，振幅が小さい場合には，図 (b) のようになり，曲線上のごく狭い範囲内で動作する．このとき，この狭い範囲内だけ見ると曲線の曲りは全体からすれば小さいので無視でき，ほぼ直線ととらえても問題はなさそうである．

電圧電流特性が直線，つまり線形であるということは，すなわち**図 2.23** のようにダイオード D が抵抗 r_d に置き換えられたと考えれば，これ以降の回路解析や計算が比較的容易になる．このような考え方を**小信号理論**（small-signal theory）という．電子回路が線形として近似されたとすれば，これはつまり電気回路に置き換わったわけであり，素直に電圧や電流を計算できる．この考え方は，6 章で述べるトランジスタ増幅回路の解析においても用いられるため，十分な理解が必要である．

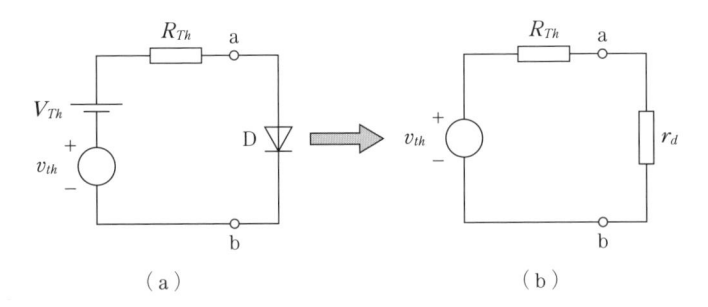

(a)　　　　　　　　　(b)

図 2.23　小信号交流等価回路

2. ダイオードの特性と回路解析

繰返しとなるが，図2.24（a）は直流成分 V_{Th} によるダイオードの電圧と電流の求め方であり，Q点の座標が解である。交流成分 v_{th} はこれに上乗せされるため，Q点の前後を動作する。ここで，直流成分によって作られたQ点をあらためて原点とみなして考えることで，直流成分を除き交流成分のみを考えるとする。このとき，前節で述べたグラフ解析の考え方をあらためて適用すると，図2.23（b）の回路から導かれる式は

$$v_{th} = R_{Th} i_d + v_d \tag{2.8}$$

であり，左辺の v_{th} は交流電圧であり正弦波状に変化する値である。一方のダイオード特性は，抵抗 r_d に置き換えられているから

$$v_d = r_d i_d \tag{2.9}$$

である。これらをグラフ上に描き解析すると，図（b）のようになる。交流電圧 v_{th} が最大値 V_{th} となったときの交点が Q_1，逆に最小値 $-V_{th}$ となったときの交点が Q_2 であり，この2点間を行ったり来たりする動作となる。これらの交点の座標が求めるべきダイオードの交流成分の電圧と電流であり

$$v_{th} = (R_{Th} + r_d) i_d \tag{2.10}$$

であるから，計算することは容易である。このように，小信号理論を導入してダイオードを抵抗に置き換えることで，計算により電圧と電流を求めることが可能となる。

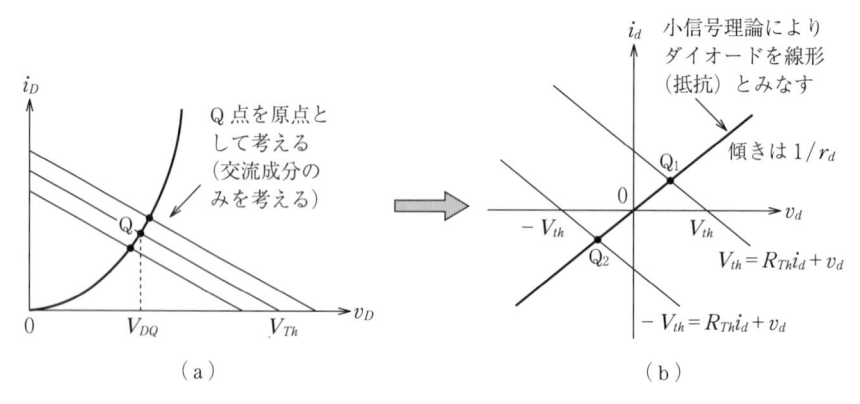

図2.24 ダイオード等価抵抗によるグラフ解析

2.6 ダイオードの応用回路例   47

 以上のことをまとめると，ダイオードの電圧電流を解析するうえでは，2.4 節で述べたように直流成分はグラフ解析によって，小信号の交流成分は本節で述べた等価抵抗解析によってそれぞれ求め，最後にこれらの結果を足し合わせるという手順になる。

例題 2.9 図 2.23 の小信号等価回路において，Q 点が $(v_{DQ}, i_{DQ}) = (1.5\,\mathrm{V}, 3\,\mathrm{mA})$，$v_{th}$ は振幅 0.5 V の正弦波，$R_{Th} = 100\,\Omega$，$r_d = 400\,\Omega$ であるとする。このときダイオードに流れる電流を求め，グラフに図示せよ。

 【解答】 交流成分のみを考えると，**図 2.25**（a）のグラフのように解析され，v_{th} が最大値の 0.5 V となったときの交点 Q_1 における電流 i_d は

$$i_d = \frac{v_{th}}{R_{Th} + r_d} = \frac{0.5}{100 + 400} = 1\,\mathrm{mA} \tag{2.11}$$

となる。また，最小値の $-0.5\,\mathrm{V}$ となったときの交点 Q_2 における電流 i_d は，同様に $-1\,\mathrm{mA}$ であり，ダイオード電流の交流成分は振幅 1 mA とわかる。これに直流成分による電流値 3 mA を足し合わせると全体のダイオード電流が求まり，図（b）のグラフのようになる。

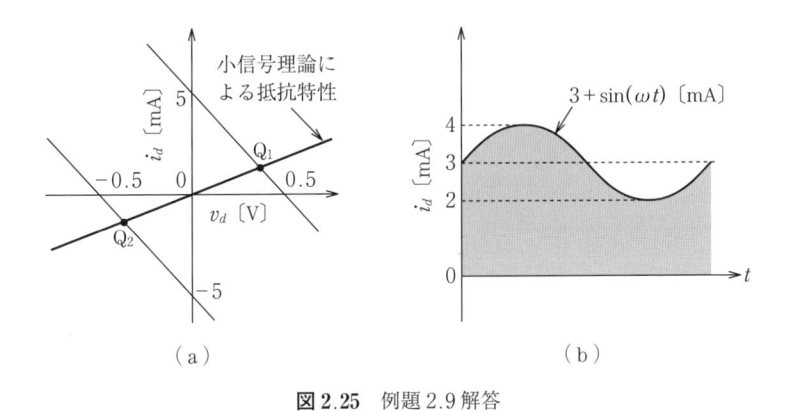

図 2.25 例題 2.9 解答 ☆

2.6 ダイオードの応用回路例

 ダイオードがさまざまな電子回路に用いられることはすでに述べたが，本節では実際によく利用されるいくつかの応用回路について考えていく。

2.6.1 整流回路

2.2.1項で述べたとおり，ダイオードは電流を一方向にしか流さない整流作用を持つ。交流回路の中にダイオードを挿入すれば，この整流作用により向きが一方向である直流に変換されることになる。このような働きをする回路を**整流回路**といい，交流（AC）を直流（DC）に変換する変換器（AC-DC converter）の実現がダイオードのおもな用途の一つである。

図 2.26（a）のようにダイオードを一つ用いて構成した回路を**半波整流回路**（half-wave rectifier）という。まず，入力電圧 v_s が正のとき，明らかにダイオードは順バイアスとなり電流が流れ，負荷には入力電圧 v_s がそのまま現れる（図（b））。つぎに，入力電圧 v_s が負のとき，ダイオードは逆バイアスとなり電流が流れず，負荷の電圧は 0 である（図（c））。つまり，負荷の電圧は図（d）のグラフの破線のように，正弦波の正の部分だけを切り出した波形となるが，このままでは時間的な変動が大きいため，直流電源として使用するには不十分である。そこで，負荷に並列にキャパシタを挿入してみる。キャパシタは電荷を充放電する性質があることから，波形は平滑化され，図（d）の実線のような波形となる。平滑化のためには，キャパシタ以外にもチョークコイルが使われる場合もある。

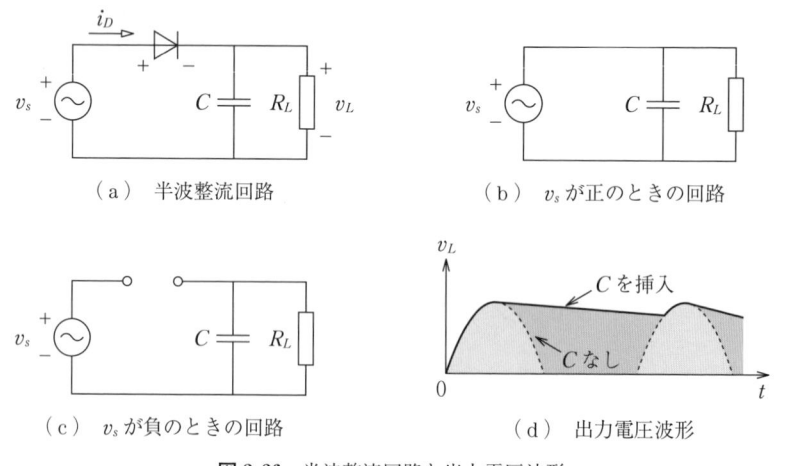

図 2.26 半波整流回路と出力電圧波形

2.6 ダイオードの応用回路例

半波整流回路の出力電圧波形は，半分の期間は電圧が0でありむだのように思える。そこでこれを解決するための回路が全波整流回路である。

図 2.27 (a) のようにダイオードを四つ用いて構成した整流回路を**全波整流回路**（full-wave rectifier），あるいは**ダイオードブリッジ回路**という。まず，入力電圧 v_s が正のとき，D_1 と D_4 が順バイアス状態で導通され，その他は逆バイアス状態で遮断される。すなわち，$D_1 \to R_L \to D_4$ と電流が流れ，図 (b) のように電源電圧がそのまま負荷に印加されることになる。

(a) 全波整流回路
(b) v_s が正のときの回路
(c) v_s が負のときの回路
(d) 出力電圧波形

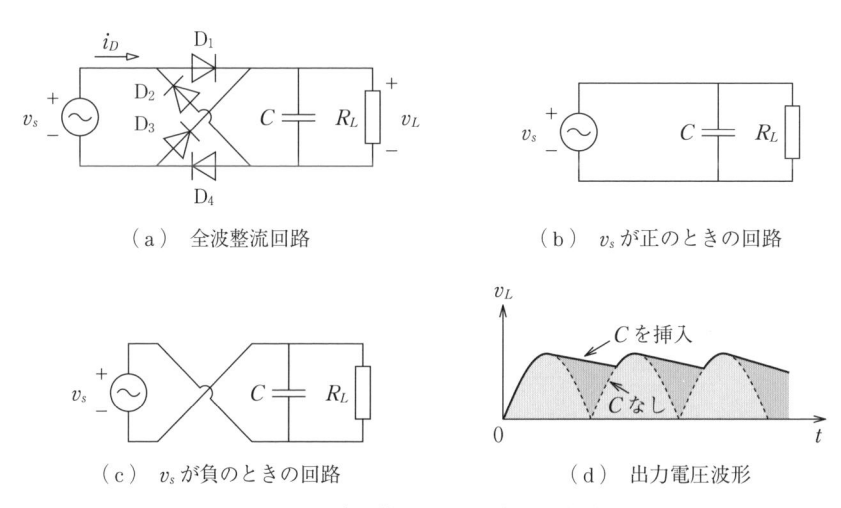

図 2.27　全波整流回路と出力電圧波形

つぎに入力電圧 v_s が負のとき，D_2 と D_3 が順バイアス状態で導通され，その他は逆バイアス状態で遮断される（図 (c)）。すなわち，$D_3 \to R_L \to D_2$ という方向に電流が流れ，電源電圧の逆向きの電圧が負荷に印加される。これが繰り返されるわけであるから，負荷には図 (d) のグラフの破線のような波形の電圧が現れる。また，負荷に並列にキャパシタを挿入することで波形を平滑化すれば，実線のような直流電圧波形を得ることができる。

例題 2.10　半波整流回路と全波整流回路それぞれにおいて，負荷抵抗に印加される平均電圧を求めよ。ただし，キャパシタはないものとする。

【解答】　まず，半波整流回路において，負荷での出力電圧を

$$v_L = V_m \sin \omega t \tag{2.12}$$

とおく。平均電圧 v_A は，これを1周期の時間範囲で積分し平均すればよい。角度 ωt を積分変数として0から 2π までの1周期（半周期分は0だから実質0から π まで）で積分すると

$$v_A = \frac{1}{2\pi} \int_0^{2\pi} v_L(\omega t) d\omega t = \frac{V_m}{2\pi} \Big[-\cos \omega t \Big]_0^{\pi} = \frac{V_m}{\pi} = 0.318 V_m \tag{2.13}$$

となり，最大振幅の0.318倍にしかならないことがわかる。一方の全波整流回路の場合は，半波整流回路の2倍の時間，電圧が印加されることから，平均電圧も2倍の $(2/\pi)V_m = 0.636 V_m$ であるとわかる。　　　　　　　　　　　　　　　☆

2.6.2 クリッパ回路とクランプ回路

ダイオードはその特性から，つぎに述べるような波形操作（波形整形）回路にも応用される。図 2.28 に示す回路は，入力信号に対し，ある値以上（あるいは以下）を取り去る働きをするものであり，これを**クリッパ回路**（clipping circuit）という。

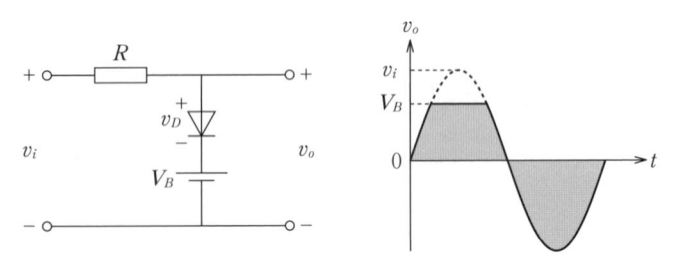

（a）ピーククリッパ回路とその電圧波形

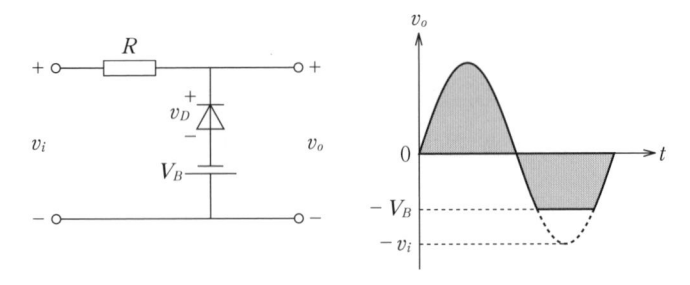

（b）ベースクリッパ回路とその電圧波形

図 2.28　クリッパ回路とその電圧波形

ある値以上を制限するものを**ピーククリッパ回路**といい，逆にある値以下を制限するものを**ベースクリッパ回路**という。

理想ダイオードであると考えると，ピーククリッパ回路において，ダイオードのカソードの電位は $+V_B$ となっているが，ここでもし入力電圧 v_i が $+V_B$ 以下であれば，ダイオードは逆バイアスで遮断状態となるため，v_i の電圧がそのまま v_o に現れることになる。もし入力電圧 v_i が $+V_B$ 以上であれば，ダイオードは順バイアスで導通状態となるため，v_o の電位は V_B となる。これにより図（a）のように波形の上部を取り去る操作が可能となる。

一方，ベースクリッパ回路はピーククリッパ回路のダイオードと電源の向きを逆にしたものである。ダイオードのアノードの電位は $-V_B$ となっているが，ここでもし入力電圧 v_i が $-V_B$ 以上であれば，ダイオードは逆バイアスで遮断状態となるため，v_i の電圧がそのまま v_o に現れることになる。もし入力電圧 v_i が $-V_B$ 以下であれば，ダイオードは順バイアスで導通状態となるため，v_o の電位は $-V_B$ となる。これにより図（b）のように波形の下部を取り去る操作が可能となる。

例題 2.11 入力電圧 v_i を周期 1 ms，振幅 5 V の正弦波，$V_B = 1$ V，ダイオードを図 2.7（a）の区分線形モデル（$V_F = 0.7$ V）とした場合のピーククリッパ回路の出力電圧 v_o の波形を描け。

【解答】 入力電圧が正のとき，ダイオードが ON となるのは，$V_B + V_F = 1.7$ V を超えたときである。このとき，すでに説明したように v_o の電位は 1.7 V となる。これ以外のときはダイオードは OFF であり，v_o の電位は入力電圧 v_i そのものとなる。よって**図 2.29** のような波形となる。

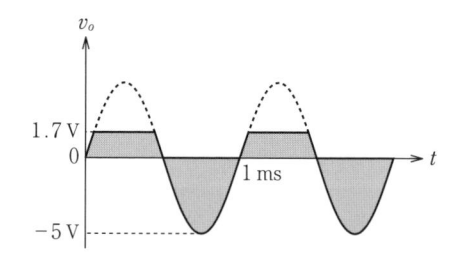

図 2.29 例題 2.11 解答

☆

例題 2.12 図 2.30 の回路の出力電圧 v_o の波形を描け。入力電圧 v_i, V_B, ダイオードモデルなどは例題 2.11 と同じとする。

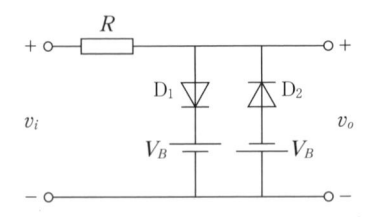

図 2.30　例題 2.12

【解答】　この回路は図 2.28 のピーククリッパ回路とベースクリッパ回路が組み合わされたものである。例題 2.11 と同様に，入力電圧が正のときは 1.7 V を超えた場合にダイオード D_1 が ON となり出力電圧も 1.7 V となる。負のときは，-1.7 V を下回ったときにダイオード D_2 が ON となり出力電圧も -1.7 V となる。よって図 2.31 のような波形となる。

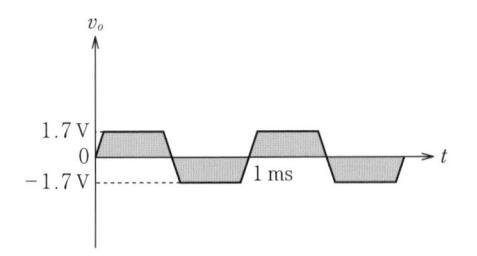

図 2.31　例題 2.12 解答

つぎに，図 2.32 に示す回路は入力信号に対し，波形全体をシフトすることで最大値あるいは最小値をある値に保つ働きをするものであり，これを**クランプ回路**（clamping circuit）という。

理想ダイオードであると考え，図（a）の回路を見てみる。入力電圧 v_i を図（a）左のような振幅 V_P の三角波であるとし，また簡単のため最初に $V_B=0$ としておく。まず v_i が $+V_P$ まで上昇する $0 < t < T/4$ のとき，ダイオードは順バイアスで導通となり，出力電圧 v_o は 0 となる。また，このときキャパシタ C は充電され $v_C = V_P$ となっているとする。つぎに，$t > T/4$ において v_i は徐々に低下していくが，ダイオードのアノードの電位は，キャパシタの電圧がある

2.6 ダイオードの応用回路例

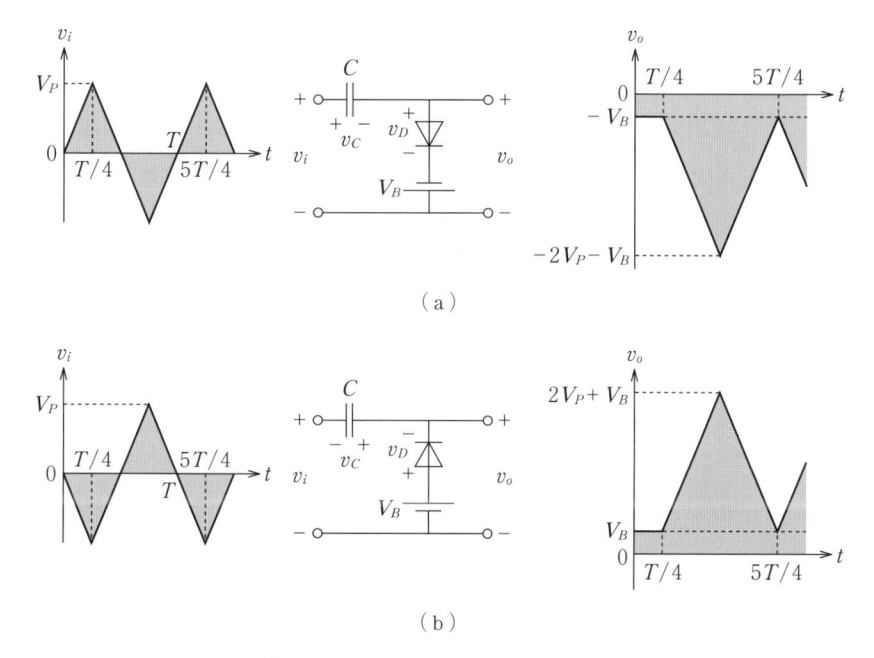

図 2.32 クランプ回路とその電圧波形

ために，入力電圧の+端子よりも V_P だけ低い．そのため，ダイオードは逆バイアスとなり，出力端子には入力電圧より V_P だけ低い電位がそのまま出現する．

V_B が 0 でない場合を考えても同様に，$0<t<T/4$ では，カソードの電位は入力電圧の-端子よりも電位は V_B だけ低いため，ダイオードは明らかに順バイアスで導通となり，出力端子には $-V_B$ の電圧が出現する．キャパシタ C の電圧 v_C は V_P+V_B に達しており，$t>T/4$ では入力電圧よりこの電圧分だけ低い電位が出力端子に出現する．したがって，出力電圧は図 (a) 右に示すような波形となる．入力から出力への変化を見ると，最大値が $-V_B$ となるように波形全体がマイナス方向にシフトされたといえる．

一方，図 (b) のようにダイオードと電圧源の向きを逆にした回路を考えてみる．図 (b) 左のように $0<t<T/4$ で入力電圧が負であるとすると，アノードの電位は入力電圧の絶対値にさらに V_B を加えた分だけ高く，順バイアスと

なる．この間にキャパシタに充電され電圧 v_C が V_P+V_B になっているとすると，$t>T/4$ では入力電圧よりこの電圧分だけ高い電位が出力端子に出現する．したがって，出力電圧は図 (b) 右に示すような波形となる．入力から出力への変化を見ると，最大値が V_B となるように波形全体がプラス方向にシフトされたといえる．

クランプ回路ではこのように，キャパシタの存在が一つのポイントであり，一種の電池のように，充電されてある電位を保つ素子として考えるとわかりやすい．

2.6.3 ツェナーダイオード

2.2 節の最後に述べたように，p 型と n 型の不純物濃度が高い場合には，トンネル効果により逆方向電流が増大するツェナー降伏という現象が起きる．この際，図 2.5 に示したように電圧の値はほぼ一定に保たれる．この特性を積極的に利用し，ある一定の電圧値を得るために用いるダイオードを**ツェナーダイオード**（Zener diode）と呼び，**図 2.33** の図記号で表す．

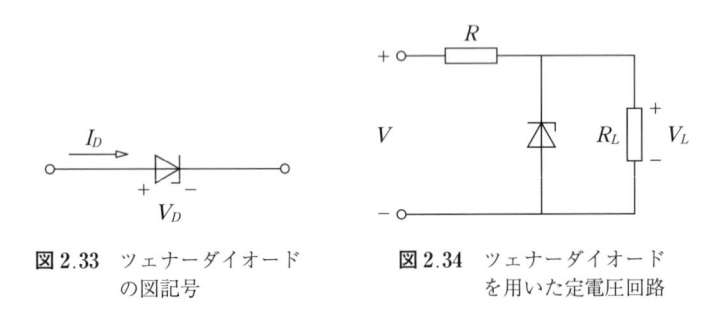

図 2.33　ツェナーダイオードの図記号

図 2.34　ツェナーダイオードを用いた定電圧回路

ツェナーダイオードは逆バイアスで使用するが，その簡単な使用例として，**図 2.34** に示す定電圧回路がある．ツェナーダイオードの降伏時の電圧を一定（V_Z）と仮定すると，入力電圧が $V>V_Z$ であるとき，V の値によらず負荷 R_L にかかる電圧 V_L をつねに V_Z に保つことができる．

演 習 問 題

[2.1] 逆方向飽和電流 $I_s = 3.0 \times 10^{-14}$ A として，ダイオードの電圧電流特性のグラフを描け．

[2.2] 図 2.35（a）の回路において，D_1，D_2，D_3 をそれぞれ理想ダイオードと考えるとする．図（b）のグラフに示すような入力電圧をそれぞれ与えたとき，抵抗 R における出力電圧 v_o の波形を描け．

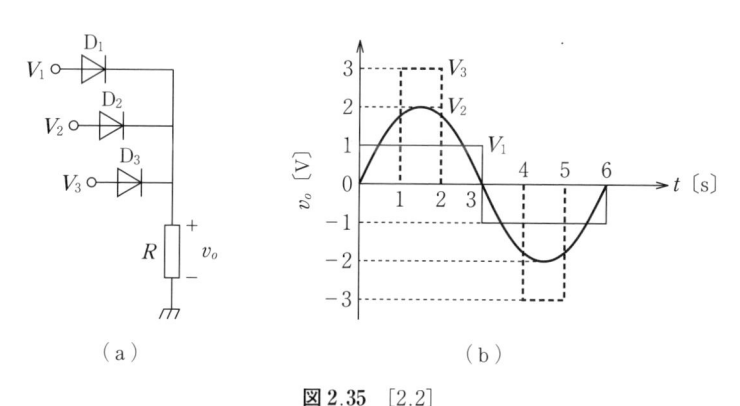

図 2.35 [2.2]

[2.3] 図 2.36 の回路において，D_1，D_2 をそれぞれ理想ダイオードと考えるとする．印加電圧 v と流れる電流 i の関係をグラフに描け．ただし，$V_1 = 5$ V，$V_2 = 10$ V，$R_1 = 6$ kΩ，$R_2 = 2$ kΩ とする．

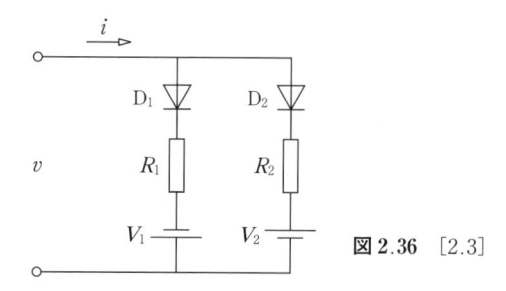

図 2.36 [2.3]

[2.4] [2.3] を参考に，図 2.37 のような電圧電流特性となるような回路を設計せよ．

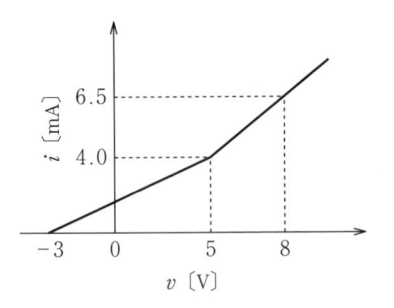

図2.37 [2.4]

[2.5] ダイオードの特性を図2.7(b)の区分線形モデルで考え，$V_F = 0.7\,\mathrm{V}$，$R_F = 1\,\mathrm{k\Omega}$ であるとする。このとき，図2.38の回路における入力電圧 v_i（正の値とする）と出力電圧 v_o の関係をグラフで示せ。ただし，$R_1 = 3\,\mathrm{k\Omega}$，$R_2 = 1\,\mathrm{k\Omega}$ とする。

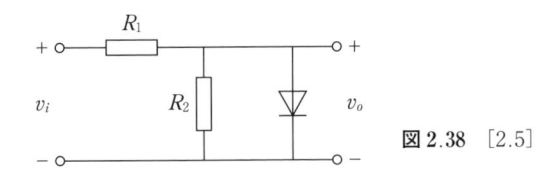

図2.38 [2.5]

[2.6] ダイオードの特性を図2.7(b)の区分線形モデルで考え，$V_F = 0.7\,\mathrm{V}$，$R_F = 300\,\mathrm{\Omega}$ であるとする。このとき，図2.39の回路におけるダイオードの電圧 v_D と電流 i_D をグラフ解析により求めよ。ただし，$V_1 = 3\,\mathrm{V}$，$V_2 = 2\,\mathrm{V}$，$R_1 = 100\,\mathrm{\Omega}$，$R_2 = 400\,\mathrm{\Omega}$，$R_3 = 300\,\mathrm{\Omega}$，$R_D = 100\,\mathrm{\Omega}$ とする。

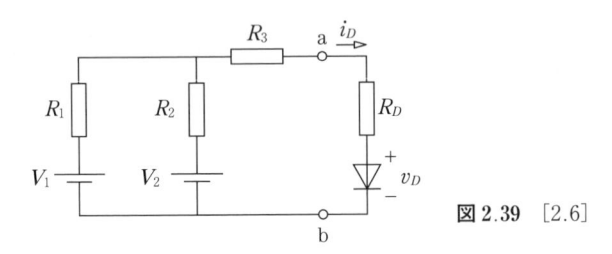

図2.39 [2.6]

[2.7] 図2.27の全波整流回路（キャパシタ C は省く）において，ダイオードの特性を図2.7(a)の区分線形モデル（$V_F = 0.7\,\mathrm{V}$）とするとき，出力電圧 v_L の波形をグラフに描け。ただし，入力電圧を振幅5Vの正弦波とする。

3 トランジスタの基礎特性

本章では,能動素子の一つであるバイポーラ接合トランジスタについての概要や静特性,性能を表すための諸パラメータについて説明する。バイポーラ接合トランジスタはさまざまな電子回路に応用されており,その基本特性は電子回路解析を行うときの重要事項となる。また,同様の働きを持つ電界効果トランジスタの概要,静特性についても説明する。

3.1 トランジスタの概要

3.1.1 トランジスタの構造と動作原理

バイポーラ接合トランジスタ(bipolar junction transistor,以下,単にトランジスタまたは**BJT**と呼ぶ)は,半導体のn層とp層が交互に接続された3端子素子である。この三つの端子にはそれぞれ名前が付けられており,エミッタ端子(E:emitter),ベース端子(B:base),コレクタ端子(C:collector)と呼ばれている。

トランジスタには図3.1に示すように,電子によって伝導するnpn型と,正孔によって伝導するpnp型がある。この電子,もしくは正孔による伝導とは,トランジスタ内に電流を流す作用が電子,正孔のどちらが担うかを示すものであり,この電子や正孔は多数キャリヤと呼ばれている。トランジスタにおいて,いずれの型でも多数キャリヤはエミッタから流れ出てベースを通過し,コレクタに流れ込む。このとき,ベースからの正孔または電子の量によってエミッタ-コレクタ間のキャリヤの量を制御する。

58   3. トランジスタの基礎特性

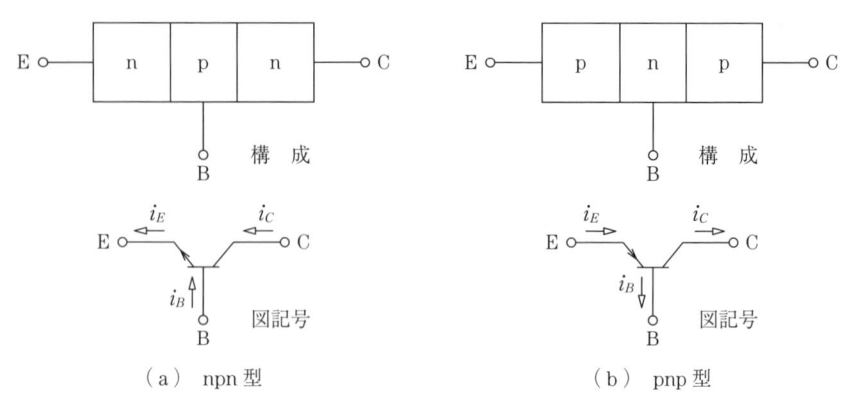

(a) npn型

(b) pnp型

図3.1 トランジスタの構成と図記号

図3.1にトランジスタの図記号と各端子を流れる電流の向きを示す。図(a)のnpn型において，ベース-エミッタ間にベースがプラス，エミッタがマイナスとなる電圧をかけると，ベースからエミッタに電流が流れる。このとき，ベース端子に流れる電流i_Bを**ベース電流**と呼ぶ。また，ベース電流が流れている状態でコレクタ-エミッタ間にコレクタがプラス，エミッタがマイナスとなる電圧をかけると，コレクタからエミッタに電流が流れる。このとき，コレクタ端子に流れる電流i_Cを**コレクタ電流**，エミッタ端子に流れる電流i_Eを**エミッタ電流**と呼ぶ。

図(b)はpnp型を示しているが，npn型に対し端子間にかける電圧と流れる電流の向きが逆となる。

つぎにnpn型を例にとり，トランジスタの動作原理について説明する。**図3.2**はnpn型トランジスタに二つの直流電源を加えた回路である。図(a)はトランジスタ内の電子と正孔の流れを示しており，図のようにベース-エミッタ間に電圧をかけると，pn接合部分は順電圧となるためエミッタ領域の電子がベース領域に移動する。ベース領域に移動した電子の一部は正孔と結合して消滅するが，残った電子はベース電流，またはベース領域の幅が狭いため大部分はコレクタ領域に移動する。コレクタに移動した電子は，ベース-コレクタ間にかけられた逆電圧の電界によって移動して，コレクタ電流となる。

3.1 トランジスタの概要   59

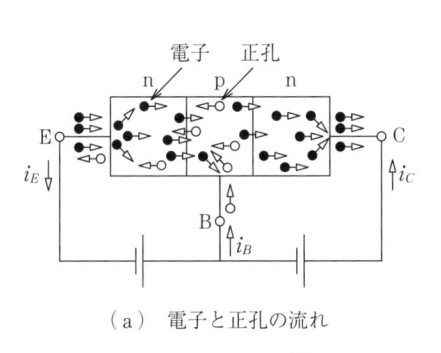

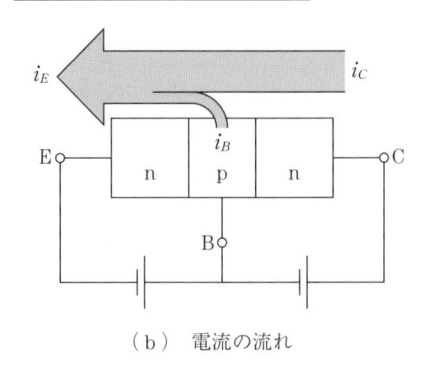

(a) 電子と正孔の流れ　　　　　(b) 電流の流れ

図3.2　トランジスタの動作原理

　図(b)は電子,正孔の流れを電流に置き換えた表現を示す。コレクタ電流はエミッタ電流の約 98 ～ 99 %,ベースからエミッタに流れる電流はコレクタ電流の 1 ～ 2 %であり,エミッタ電流の大部分はコレクタから流れてきた電流である。

3.1.2　トランジスタの電圧と電流の表現法

　トランジスタに流れる電流を,図3.1では i_B, i_E, i_C と表記した。また,トランジスタの端子間の電圧を表すために,2文字の下付き文字を添える。例えば,v_{BE} はエミッタの電位を基準としたベースの電位,すなわち,ベース-エミッタ間の電位差を表す。また,これらの端子間電圧や端子電流は,一般に直流と交流が重ね合わさっている。したがって,本書ではこれらの電流,電圧を**表**3.1のように表記する。

表3.1　端子電流と端子間電圧の表記

直流,交流	電流	電圧
瞬時値（直流+交流）	i_B	v_{BE}
直流成分	I_B	V_{BE}
直流成分（動作点の値）	I_{BQ}	V_{BEQ}
交流成分	i_b	v_{be}
交流成分（実効値）	I_{be}	V_{bee}
交流成分（最大値）	I_{bm}	V_{bem}

表3.1における**動作点**（**Q点**）とは，トランジスタを増幅素子として動作させるために定めた直流電圧，直流電流を示す．トランジスタを交流信号の増幅に用いる場合，交流信号はこの動作点を中心に変動する．このとき，交流信号に対するトランジスタの特性は，この動作点の関数として与えられる．また，図3.3に，表3.1の表現を用いたnpn型トランジスタにおける端子間電圧と端子電流の様子を示す．各端子間電圧と各端子電流は，直流と交流の重ね合わせとして表されていることがわかる．

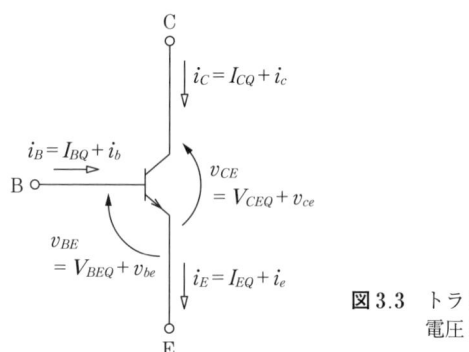

図3.3 トランジスタの電圧と電流

この動作点電流 I_{BQ} や動作点電圧 V_{BEQ} を定めるための回路を**バイアス回路**という．また，バイアス回路を通してトランジスタに直流を与えることを**バイアスする**，バイアスをかける，あるいはバイアスを加えるなどという．

例題3.1 図3.4に示すように，npn型トランジスタにおいて 10^8 個/μs の正

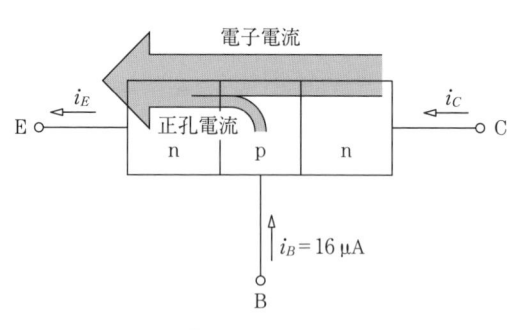

図3.4 例題3.1

孔がベースからエミッタへ流れる間に，10^{10} 個/μs の電子がエミッタからベースを通過してコレクタまで流れ込むとする。ベース電流が $i_B = 16\,\mu\text{A}$ であるとき，エミッタ電流とコレクタ電流を求めよ。素電荷は 1.602×10^{-19} C とする。

【解答】 正孔の速度は 10^8 個/μs $= 10^{14}$ 個/s，電子の速度は 10^{10} 個/μs $= 10^{16}$ 個/s であるから，エミッタ電流 i_E は以下のようになる。

$$i_E = 正孔電流 + 電子電流$$
$$= (1.602 \times 10^{-19}\,\text{C} \cdot 10^{14}\,\text{個/s}) + (1.602 \times 10^{-19}\,\text{C} \cdot 10^{16}\,\text{個/s})$$
$$= 1.602 \times 10^{-5} + 1.602 \times 10^{-3} = 1.618\,\text{mA}$$

よって，キルヒホッフの電流則よりコレクタ電流 i_C は以下となる。

$$i_C = i_E - i_B = 1.618 \times 10^{-3} - 16 \times 10^{-6} = 1.602\,\text{mA} \qquad ☆$$

3.2 トランジスタの静特性

3.2.1 ベース接地特性

ベース端子を入力，出力で共通に用いる接続を**ベース接地**または**ベース共通，CB**（common base）と呼ぶ。この回路例を**図3.5**に示す。この回路において，pnp型トランジスタの入力端子はエミッタとベースであり，入力電流はエミッタ電流 i_E，入力電圧はエミッタ-ベース間電圧 v_{EB} となる。また，出力端子はコレクタとベースであり，出力電流はコレクタ電流 i_C，出力電圧はコレクタ-ベース間電圧 v_{CB} となる。ベース接地のトランジスタ解析には実験的に求められた特性を用いるのが実用的である。

図3.5 に示す回路により，シリコン（Si）を材料としたトランジスタにおい

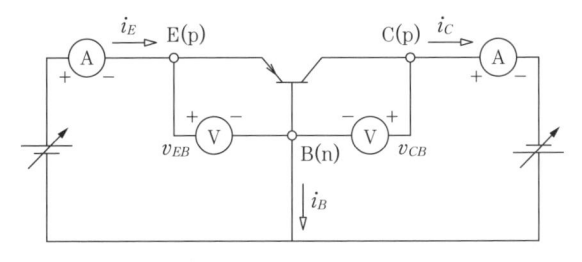

図3.5 ベース接地回路

て測定を行った例を**図3.6**に示す.図3.5のように,トランジスタに抵抗など何も接続しない状態で直流電圧を加え,各端子に流れる直流電流および端子間の直流電圧の関係を示した特性を**静特性**(static characteristic)という.

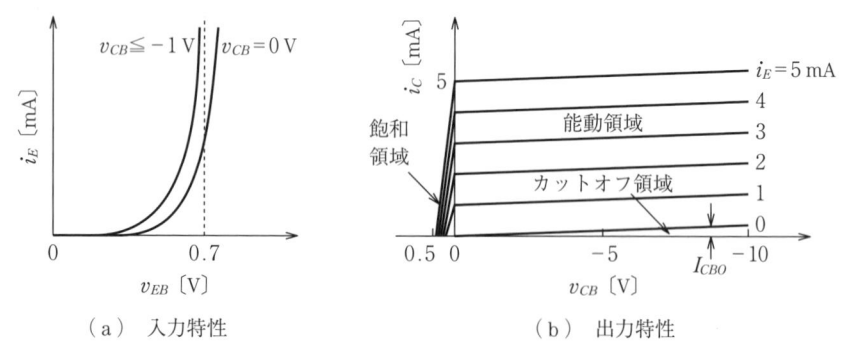

図3.6 ベース接地特性(pnp型)の例

図(a)は**入力特性**(input characteristic)を表している.この特性は v_{CB} を一定として v_{EB} と i_E の関係を表した曲線である.入力特性は E-B 間の pn 接合により,ほぼダイオードの順方向特性で与えられ,入力電流 i_E がある程度流れている場合,入力電圧 v_{EB} は出力電圧 v_{CB} の値に関わらず,約 0.7 V で飽和する.よって,シリコン (Si) トランジスタの場合,$v_{EB} \approx 0.7\,\mathrm{V}$ と仮定し,抵抗などの回路定数を決めることができる.ゲルマニウム (Ge) の場合では,飽和電圧が小さく $v_{EB} \approx 0.3\,\mathrm{V}$ となる.

図(b)は**出力特性**(output characteristic)を表す.この特性は i_E を一定として v_{CB} と i_C の関係を表した曲線である.出力特性は本質的に C-B 間の pn 接合により,ダイオードの逆方向特性であるが,キャリヤがベース領域を超えてコレクタ領域に流れ込むことにより特性が上方に平行移動する.また,入力電流 $i_E = 0$ のときに C-B 間をわずかに流れる電流 I_{CBO} をベース接地における**漏れ電流**(leakage current)または**コレクタ遮断電流**と呼ぶ.トランジスタは出力特性において図に示すような三つの領域(飽和領域,カットオフ領域,能動領域)に分けて使用される.

3.2.2 エミッタ接地特性

エミッタ端子を入力,出力で共通に用いる接続を**エミッタ接地**または**エミッタ共通**,**CE**(common emitter)と呼び,大きな電流利得および電圧利得が得られるため,最も一般的な接続方法となっている。特性測定のための回路例を図3.7に示す。

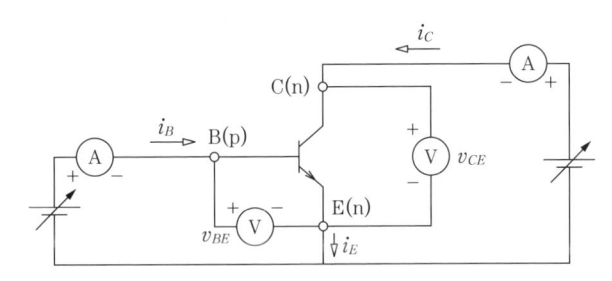

図3.7 エミッタ接地回路

この回路において,トランジスタの入力端子はベースとエミッタであり,入力電流はベース電流 i_B,入力電圧は B-E 間電圧 v_{BE} となる。出力端子はコレクタとエミッタであり,出力電流はコレクタ電流 i_C,出力電圧は C-E 間電圧 v_{CE} となる。エミッタ接地回路の解析には,ベース接地回路と同様に実験的に求められた特性を用いるのが実用的である。

図3.7に示す回路により測定を行った例を図3.8に示す。

図(a)は入力特性を表す。この特性は v_{CE} を一定として v_{BE} と i_B の関係を

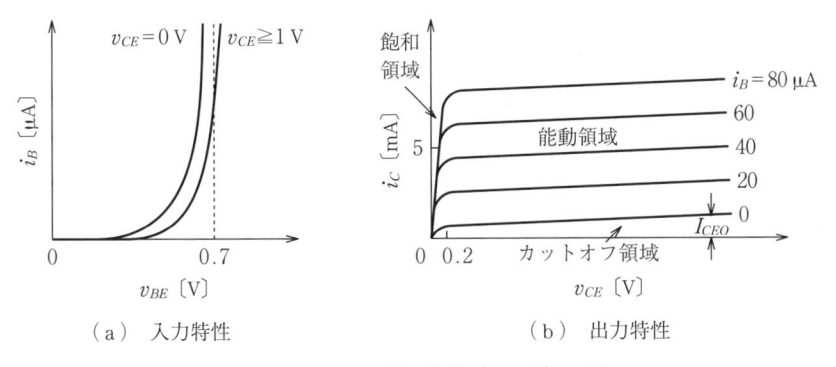

(a) 入力特性　　　　　(b) 出力特性

図3.8 エミッタ接地特性(npn型)の例

表した曲線である．図から明らかなように，入力特性はベース接地回路と大差はなく，入力電流 i_B がある程度流れている場合は，入力電圧 v_{BE} は Si の場合，約 0.7 V となる．よって $v_{BE} \approx 0.7$ V としてよい．

図（b）は出力特性を表している．この特性は i_B を一定として v_{CE} と i_C の関係を表した曲線である．図よりベース接地回路とは異なり，出力電流 i_C は入力電流 i_B よりも大きな値をとり，わずかな入力電流の変化により出力が大幅に変化する．

また，入力電流 $i_B=0$ のときにコレクタ-エミッタ間をわずかに流れる電流 I_{CEO} をエミッタ接地における漏れ電流またはコレクタ遮断電流と呼び，ベース接地回路に比べて大きな値をとる．

例題 3.2 図 3.5 の回路において pnp 型を npn 型に，図 3.7 の回路において npn 型を pnp 型に置き換えたときの各回路の電源と電流の向きを示せ．

【解答】 図 3.9 に示すようにすべての電源を逆向きに接続する．したがって各電流はすべて逆方向に流れる．

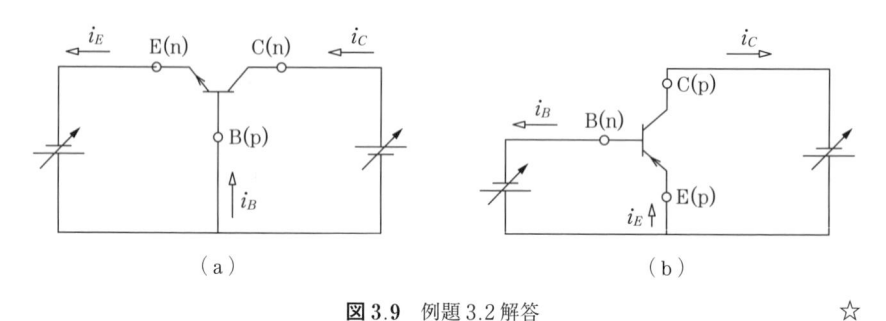

図 3.9 例題 3.2 解答 ☆

例題 3.3 図 3.10 に示すトランジスタの静特性において，図（a）は npn 型，図（b）は pnp 型である．このような静特性を実験で得るにはどのような回路を組めばよいか，電圧計，電流計の記号も含めて示せ．

【解答】 図 3.10（a）はベース接地回路，図（b）はエミッタ接地回路の出力特性であり，それぞれ**図 3.11** のような回路で得られる．

3.2 トランジスタの静特性　65

(a) npn 型の出力特性

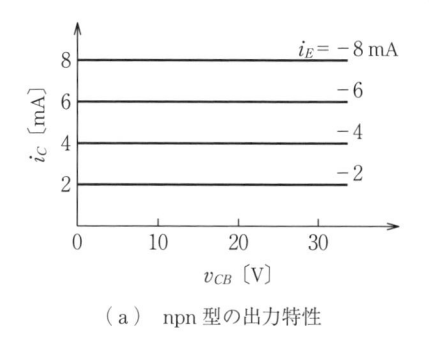

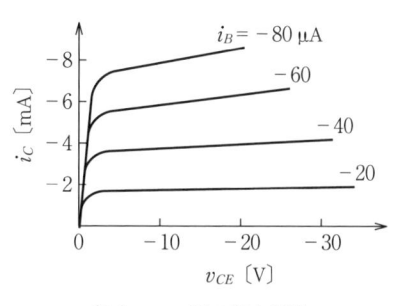

(b) pnp 型の出力特性

図 3.10　例題 3.3

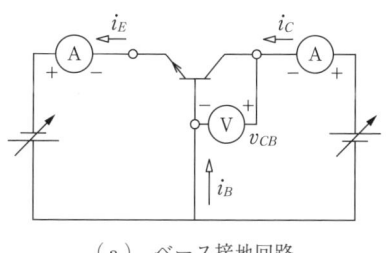

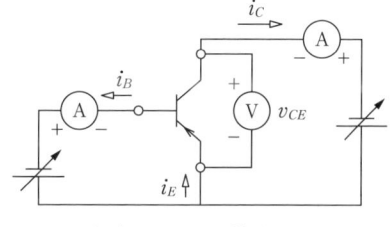

(a) ベース接地回路

(b) エミッタ接地回路

図 3.11　例題 3.3 解答　　☆

3.2.3　トランジスタの増幅作用

図 3.12 (a) に示す基本増幅回路において，各端子に流れるベース電流，コレクタ電流，エミッタ電流をそれぞれ i_B, i_C, i_E とする。また，このときの抵抗 R の電圧は Ri_C である。

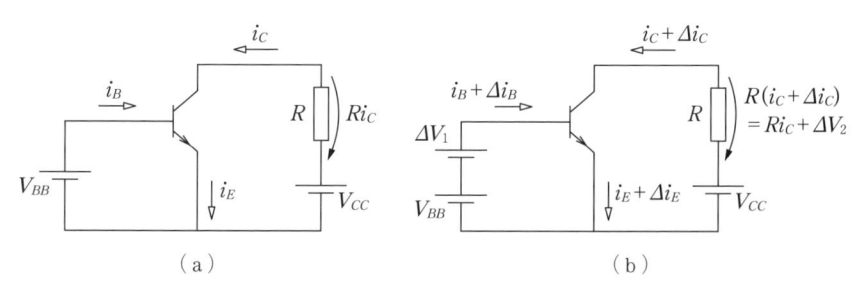

(a)　　　　　　　　　　　　(b)

図 3.12　基本増幅回路

つぎに，図（b）のようにベース-エミッタループに電圧源 ΔV_1（V_{BB} よりもかなり小さい電圧）を追加する。この電圧源 ΔV_1 により，ベース電流は Δi_B 増加し，図（b）のベース電流は $i_B + \Delta i_B$ となり，それと同時にコレクタ電流は $i_C + \Delta i_C$，エミッタ電流は $i_E + \Delta i_E$ に増加する。よって抵抗 R の電圧は $R(i_C + \Delta i_C)$ となり，電圧源 ΔV_1 による R の電圧変化 ΔV_2 は $R\Delta i_C$ となる。

ここで ΔV_2 は R の値を大きくすることにより大きくできる。いま，電圧 ΔV_1 と ΔV_2 の比をとると

$$A_v = \frac{\Delta V_2}{\Delta V_1} = \frac{R\Delta i_C}{\Delta V_1} \tag{3.1}$$

となる。式（3.1）の Δi_C は電圧源 ΔV_1 を追加したことによるコレクタ電流の変化分であるため，図 3.8（b）に示したように，コレクタ電流はベース電流の微小変化によって大きく変化するので，ベース-エミッタループの電圧変化をコレクタ-エミッタループで大きな電圧変化 ΔV_2 として得ることができる。このようなトランジスタの働きを**電圧増幅作用**といい，A_v を**電圧増幅度**（voltage amplification）と呼ぶ。

図 3.12（b）において，Δi_C は Δi_B に対し，3.1.1 項で示した動作原理により非常に大きな値をとる。よって，トランジスタには入力電流（ベース電流）の変化分 Δi_B を出力電流の変化分 Δi_C として増幅する作用（**電流増幅作用**）を持つ。ここで，Δi_B と Δi_C の比をとると

$$A_i = \frac{\Delta i_C}{\Delta i_B} \tag{3.2}$$

となり，A_i を**電流増幅度**（current amplification）と呼ぶ。

また，トランジスタは電圧と電流を増幅する作用を持つことにより，電力も増幅する作用を持つ。図 3.12（b）の回路において，入力側の電圧源 ΔV_1 はトランジスタに電力を供給しており，その電力は $\Delta V_1 \Delta i_B$ である。一方，出力側の抵抗 R での ΔV_1 による電力消費は $\Delta V_2 \Delta i_C$ である。よって，この電力の比をとると以下のようになる。

$$A_p = \frac{\Delta V_2}{\Delta V_1} \frac{\Delta i_C}{\Delta i_B} = A_v A_i \tag{3.3}$$

ここで，A_p は**電力増幅度**（power amplification）と呼ばれ，電圧増幅度と電流増幅度の積に等しくなる。

3.3 トランジスタのパラメータ

3.3.1 端子電流間の関係

トランジスタの二つの pn 接合には独立に電圧を加えることができるが，その加え方によりおもに飽和状態，カットオフ状態，能動状態の三つの状態で使用される。

飽和状態とは，出力電圧がわずかな変化であるにもかかわらず，出力電流であるコレクタ電流が非常に流れやすい状態をいい，図 3.6（b），図 3.8（b）に示した出力特性において飽和領域に出力電流と出力電圧がある場合をいう。

カットオフ状態とは，入力電流が 0 であり，出力であるコレクタ電流がわずかな漏れ電流のみ流れる状態をいう。

この飽和状態とカットオフ状態はトランジスタを図 3.13 に示すような半導体スイッチとして使用する場合によく用いられる。図 3.6（b），図 3.8（b）より入力電流 i_E または i_B を 0 にすれば，カットオフ状態となり出力電流 i_C はほぼ 0 となる。逆に i_E, i_B を大きくすると飽和状態となり，出力電流 i_C が大きく流れる。このような半導体スイッチはディジタル回路や電源回路などに使

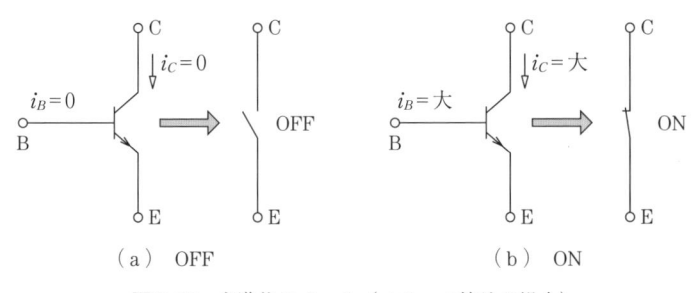

（a）OFF　　　　　　　　（b）ON

図 3.13　半導体スイッチ（エミッタ接地の場合）

用される。

また，能動状態とは，端子電流間にほぼ線形な関係が成立する状態をいい，トランジスタを増幅素子として用いる場合はこの状態で用いる。能動状態のとき，図3.5のベース接地回路において比例定数 α を用い，出力電流 I_C と入力電流 I_E の関係を以下のように定める。

$$I_C = \alpha I_E + I_{CBO} \tag{3.4}$$

ここで α は式 (3.4) を変形することにより

$$\alpha = \frac{I_C - I_{CBO}}{I_E} \tag{3.5}$$

で表され，この α (h_{FB}) を**ベース接地の直流電流増幅率**と定義する。α は一般に1より小さな値をとる。

つぎに，図3.7のエミッタ接地回路において比例定数 β を用い，出力電流 I_C と入力電流 I_B の関係を以下のように定める。

$$I_C = \beta I_B + I_{CEO} \tag{3.6}$$

よって β は，式 (3.6) より次式で表される。

$$\beta = \frac{I_C - I_{CEO}}{I_B} \tag{3.7}$$

この β (h_{FE}) を**エミッタ接地の直流電流増幅率**と定義する。

また，トランジスタにおいてキルヒホッフの電流則により次式が成り立つ。

$$I_E = I_C + I_B \tag{3.8}$$

式 (3.4) の I_E に式 (3.8) を代入して変形することにより

$$I_C = \frac{\alpha}{1-\alpha} I_B + \frac{I_{CBO}}{1-\alpha} \tag{3.9}$$

となる。式 (3.9) を式 (3.6) と比較することにより，以下の関係式が成り立つ。

$$\beta = \frac{\alpha}{1-\alpha} \tag{3.10}$$

$$I_{CEO} = \frac{I_{CBO}}{1-\alpha} = (\beta+1)I_{CBO} \tag{3.11}$$

また，式 (3.10) より

$$\alpha = \frac{\beta}{\beta+1} \tag{3.12}$$

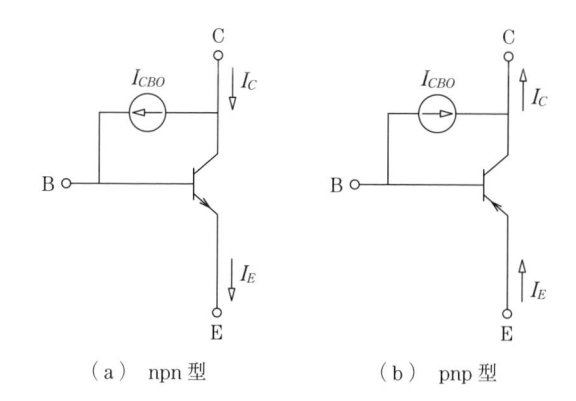

（a） npn 型　　　　　　（b） pnp 型

図 3.14　コレクタ遮断電流（ベース接地）の等価回路表現

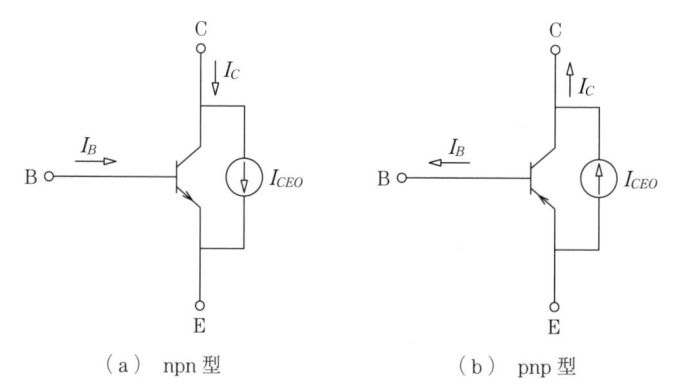

（a） npn 型　　　　　　（b） pnp 型

図 3.15　コレクタ遮断電流（エミッタ接地）の等価回路表現

となる．トランジスタを能動状態で動作させているとき，式(3.4)から式(3.12)までの関係式が成り立ち，これらの式によりトランジスタの端子電流が定められる．ここで式(3.4)，式(3.6)より，コレクタ遮断電流を用いたトランジスタの等価回路表現をそれぞれ図 3.14，図 3.15に示す．

例題 3.4　コレクタ–ベース間の漏れ電流 I_{CBO} は図 3.16 に示すように電流源を用いて表すことができる．

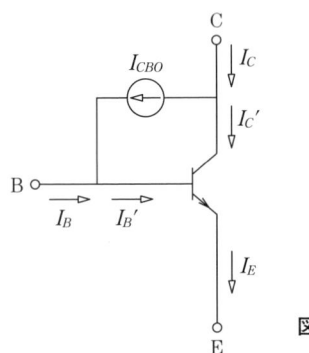

図 3.16　例題 3.4

図のトランジスタにおいて，電流 I_C', I_B', I_E に対し，$I_C' = \alpha I_E$, $I_C' = \beta I_B'$ の関係と $\alpha = \beta/(\beta+1)$ が成り立つとき，以下の式が成り立つことを証明せよ．
① $I_C = \beta I_B + (\beta+1) I_{CBO}$,　② $I_B = \dfrac{I_E}{\beta+1} - I_{CBO}$,　③ $I_E = \dfrac{\beta+1}{\beta}(I_C - I_{CBO})$

【解答】　①　図 3.16 において
$$I_C' = I_C - I_{CBO}, \quad I_B' = I_B + I_{CBO} \tag{3.13}$$
が成り立つ．よって $I_C' = \beta I_B'$ より
$$I_C - I_{CBO} = \beta(I_B + I_{CBO}) \quad \therefore \quad I_C = \beta I_B + (\beta+1) I_{CBO}$$
と求められる．

②　$I_C' = \alpha I_E$, $I_C' = \beta I_B'$ より，$I_B' = (\alpha/\beta) I_E$ となる．式(3.13)を代入し，α と β の関係を用いて
$$I_B + I_{CBO} = \dfrac{\beta}{(\beta+1)\beta} I_E$$
となる．よって，I_B は以下のようになる．
$$I_B = \dfrac{I_E}{\beta+1} - I_{CBO}$$

③　②で与えられた式を①の式に代入すると

3.3 トランジスタのパラメータ

$$I_C = \beta\left(\frac{I_E}{\beta+1} - I_{CBO}\right) + (\beta+1)I_{CBO} = \frac{\beta}{\beta+1}I_E + I_{CBO}$$

となるから，上式を変形することにより以下を得る．

$$I_E = \frac{\beta+1}{\beta}(I_C - I_{CBO})$$
☆

例題 3.5 漏れ電流を無視し，例題 3.1 のトランジスタの直流電流増幅率 α, β を求めよ．

【解答】 $I_{CBO} = I_{CEO} = 0$ とすると

$$\alpha = \frac{i_C}{i_E} = \frac{i_E - i_B}{i_E} = \frac{1.618 - 0.016}{1.618} = 0.99$$

$$\beta = \frac{i_C}{i_B} = \frac{i_E - i_B}{i_B} = \frac{1.618 - 0.016}{0.016} = 100.125$$

となる．これらの数値結果より，$\alpha = \beta/(\beta+1)$ が成立しないように見えるが，その理由は α の四捨五入の誤差にある．すなわち，α は 1 に非常に近い値をとるので，適用する際にはこの式を慎重に扱う必要がある．
☆

例題 3.6 $\beta = 100$，$I_{CBO} = 5\,\mu\text{A}$ のトランジスタをエミッタ接地で使用する．入力電流であるベース電流が $I_B = 0$ と $I_B = 40\,\mu\text{A}$ のときの出力電流であるコレクタ電流 I_C を求めよ．

【解答】 式 (3.6), (3.11) より $I_B = 0$ のとき

$$I_C = \beta I_B + I_{CEO} = \beta I_B + (\beta+1)I_{CBO} = 100 \times 0 + 101 \times 5 \times 10^{-6} = 505\,\mu\text{A}$$

となる．また $I_B = 40\,\mu\text{A}$ のとき，I_C はつぎのように求められる．

$$I_C = 100 \times 40 \times 10^{-6} + 101 \times 5 \times 10^{-6} = 4.505\,\text{mA}$$
☆

例題 3.7 $\alpha = 0.99$，$I_B = 25\,\mu\text{A}$，$I_{CBO} = 200\,\text{nA}$ のトランジスタについて，① コレクタ電流，② エミッタ電流，③ 漏れ電流を無視した場合のエミッタ電流誤差の割合を求めよ．

【解答】 ① 式 (3.10) より，$\beta = \dfrac{\alpha}{1-\alpha} = \dfrac{0.99}{1-0.99} = 99$

と求められる．式 (3.6)，式 (3.11) より，I_C はつぎのようになる．

$$I_C = \beta I_B + (\beta+1)I_{CBO} = 99(25 \times 10^{-6}) + (99+1)(200 \times 10^{-9}) = 2.495\,\text{mA}$$

② 式 (3.4) より

$$I_E = \frac{I_C - I_{CBO}}{\alpha} = \frac{2.495 \times 10^{-3} - 200 \times 10^{-9}}{0.99} = 2.520\,\text{mA}$$

となる（$I_E = I_C + I_B$ からも同様の結果が得られる）．

③ 漏れ電流を無視すると

$$I_C = \beta I_B = 99(25 \times 10^{-6}) = 2.475 \text{ mA}$$
$$I_E = I_C / \alpha = 2.475 / 0.99 = 2.500 \text{ mA}$$

となる。よって誤差は以下となる。

$$(2.520 - 2.500) / 2.520 = 0.794 \%$$

☆

3.3.2 静特性と直流電流増幅率の関係

図 3.5 のベース接地回路において，v_{CB} を一定にして i_E と i_C の関係を表した特性を**電流伝達特性**といい，その特性を図 3.17（a）に示す。この特性は回路の入力電流と出力電流の関係を表している。また，図 3.7 のエミッタ接地回路において，v_{CE} を一定にして i_B と i_C の関係を表した電流伝達特性を図 3.17（b）に示す。

（a）ベース接地回路　　（b）エミッタ接地回路

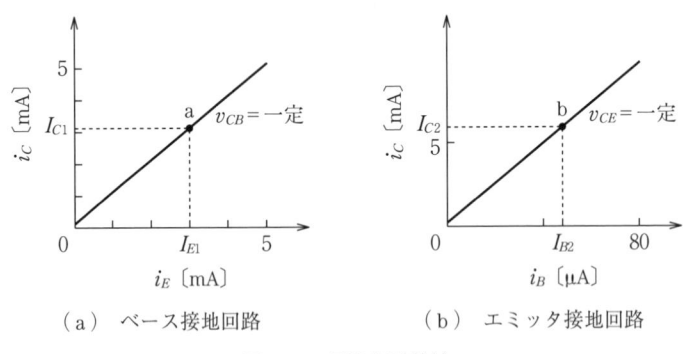

図 3.17 電流伝達特性

つぎに，電流伝達特性を用いて直流電流増幅率を求める。図 3.17 において点 a，b でそれぞれの増幅率を求めることにし，各点での電流値を I_{E1}，I_{C1} および I_{B2}，I_{C2} とする。ベース接地の直流電流増幅率 α は，式 (3.5) より

$$\alpha = \frac{I_C - I_{CBO}}{I_E} \approx \frac{I_{C1}}{I_{E1}} \tag{3.14}$$

と表される。エミッタ接地の直流電流増幅率 β は，式 (3.7) より

$$\beta = \frac{I_C - I_{CEO}}{I_B} \approx \frac{I_{C2}}{I_{B2}} \tag{3.15}$$

3.3 トランジスタのパラメータ　73

で求めることができる。

例題 3.8　エミッタ接地回路の出力特性が図 3.18（a）で表されるとき，v_{CE}＝6 V 一定としたときの電流伝達特性を作図により求めよ。

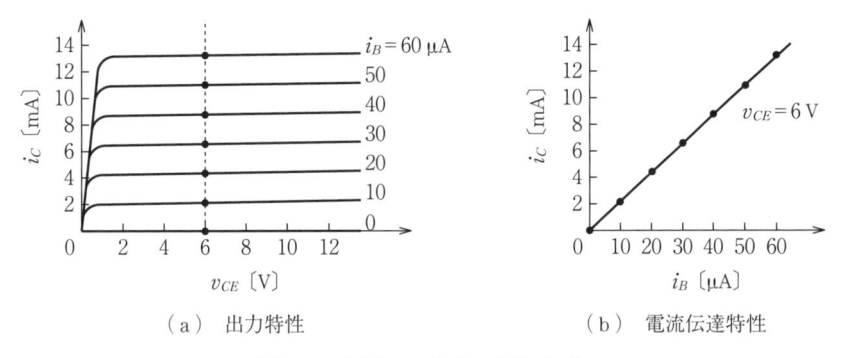

（a）　出力特性　　　　　　　　　　（b）　電流伝達特性

図 3.18　例題 3.8（a），解答（b）

【解答】　図（a）の出力特性において，v_{CE}＝6 V 一定として i_B と i_C を読み取り，横軸を入力電流 i_B，縦軸を出力電流 i_C としてグラフにすると図（b）のように求められる。　　　　　　　　　　　　　　　　　　　　　　　　　　　　　　　　☆

3.3.3　交流小信号電流増幅率

エミッタ接地回路において図 3.19（a）のように，ベースに直流電流 I_{BQ} と交流電流 i_b を重ね合わせた $i_B = I_{BQ} + i_b$ の電流が流れる場合を考える。回路の動作点は直流電流により定められるが，交流の出力電流であるコレクタ電流 i_c は，電流伝達特性を用いて図（b）のように動作点 Q 付近において作図を行うことによって値や波形を求めることができる。

つぎに，ベース接地回路において h_{fb}，エミッタ接地回路において h_{fe} を次式のように定義する。

$$h_{fb} = \frac{\Delta i_C}{\Delta i_E} \tag{3.16}$$

$$h_{fe} = \frac{\Delta i_C}{\Delta i_B} \tag{3.17}$$

ただし，式（3.16）の Δi_C，Δi_E はそれぞれベース接地回路におけるコレクタ，

(a)

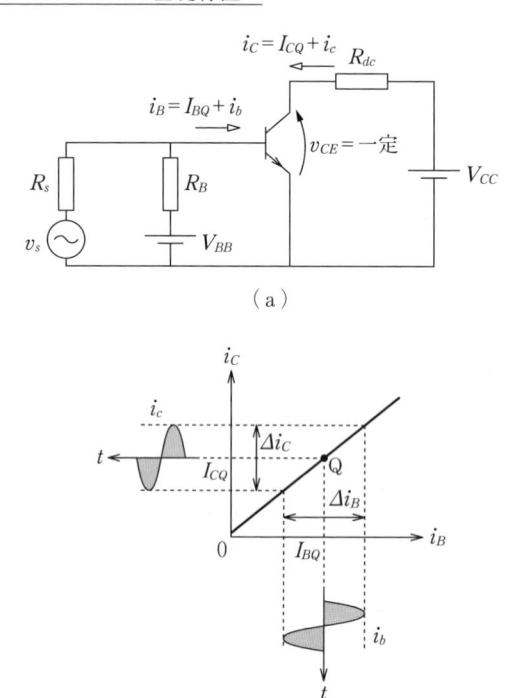

(b)

図 3.19 ベース電流によるコレクタ電流の変化

エミッタ電流の変化量，式 (3.17) の Δi_C，Δi_B はそれぞれエミッタ接地回路におけるコレクタ，ベース電流の変化量を表す．ここで h_{fb} を**ベース接地の小信号電流増幅率**，h_{fe} を**エミッタ接地の小信号電流増幅率**といい，交流信号に対するトランジスタの電流増幅率を表す．

つぎに，直流電流増幅率 h_{FE} と小信号電流増幅率 h_{fe} の関係を考える．**図 3.20** に示す電流伝達特性を用いて両増幅率を求める．図のように電流伝達特性が原点から直線的な特性を示す場合は，直流電流増幅率 h_{FE} と小信号電流増幅率 h_{fe} は等しくなる（点 a 付近）．一方，電流伝達特性が直線的な特性を示さない場合（点 b 付近）は h_{FE} と h_{fe} は異なる値となる．しかし，トランジスタを能動状態で動作させるとき，または交流成分が小信号とみなせるときは，一般に $h_{fe} \approx h_{FE}$，ベース接地回路でも同様に $h_{fb} \approx h_{FB}$ としてもよい．

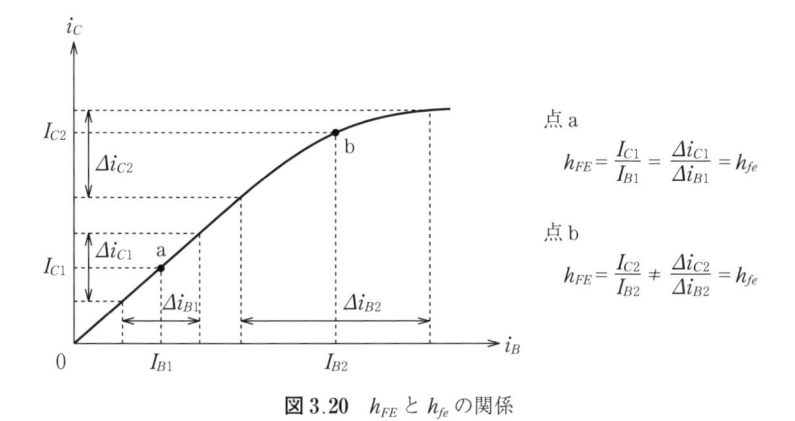

3.3 トランジスタのパラメータ 75

図 3.20 h_{FE} と h_{fe} の関係

点 a
$$h_{FE} = \frac{I_{C1}}{I_{B1}} = \frac{\Delta i_{C1}}{\Delta i_{B1}} = h_{fe}$$

点 b
$$h_{FE} = \frac{I_{C2}}{I_{B2}} \neq \frac{\Delta i_{C2}}{\Delta i_{B2}} = h_{fe}$$

3.3.4 入力電圧と出力電圧の関係

　入力電流を一定として，出力電圧の変化に対する入力電圧の変化を表した特性を**電圧帰還特性**という。**図 3.21** に電圧帰還特性の例を示す。図（a）はベース接地回路，図（b）はエミッタ接地回路の特性を表す。この特性は出力電圧 v_{CB} または v_{CE} の変化が入力電圧 v_{EB} または v_{BE} にどの程度帰還されるかを示しており，図よりトランジスタの入力電圧が出力電圧の影響をあまり受けないことがわかる。

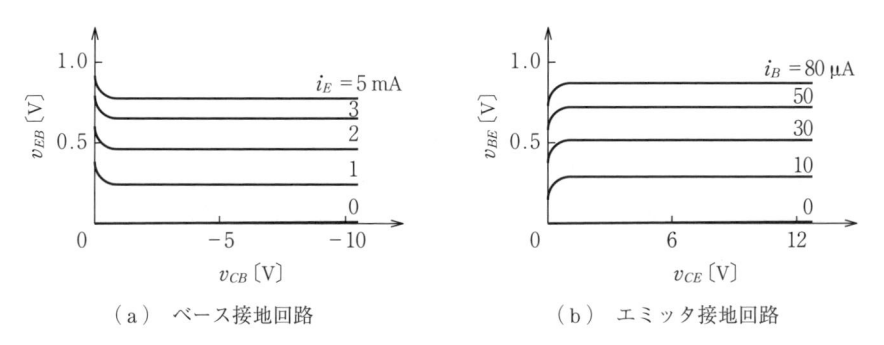

（a）ベース接地回路　　　　　（b）エミッタ接地回路

図 3.21 電圧帰還特性

例題 3.9　エミッタ接地回路の入力特性が**図 3.22**（a）で表されるとき，$i_B = 40\,\mu\text{A}$ 一定としたときの電圧帰還特性を作図により求めよ。

(a) 入力特性　　　　　　　　　　　(b) 電圧帰還特性

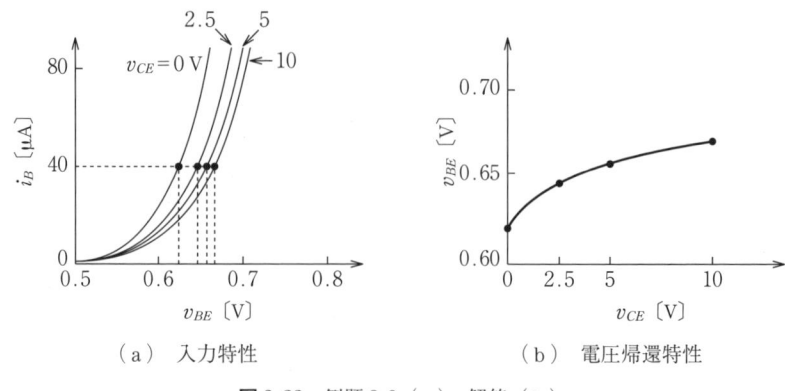

図 3.22　例題 3.9（a），解答（b）

【解答】 図 3.22（a）の入力特性において，$i_B = 40\,\mu\mathrm{A}$ 一定として v_{CE} と v_{BE} を読み取り，横軸を出力電圧，縦軸を入力電圧としてグラフにすると図（b）のように求められる。　　　　　　　　　　　　　　　　　　　　　　　　　　　　　　　　☆

3.4　電界効果トランジスタの概要

3.4.1　電界効果トランジスタの構造と動作原理

電界効果トランジスタ（**FET**：field-effect transistor）は，多数キャリヤの流れのみで動作する。したがって，この素子はユニポーラトランジスタ（unipolar transistor）と呼ばれる。2 種類の FET が広く使われており，その一つが**接合型 FET**（**JFET**：junction FET），もう一つが**金属酸化膜 FET**（**MOSFET**：metal-oxide-semiconductor FET）である。バイポーラ接合トランジスタは，入力電流（ベース電流）により出力電流（コレクタ電流）を制御する電流制御素子であるが，FET は入力電流がほとんど流れず，入力電圧により出力電流を制御する電圧制御素子である。また，FET は入力電流がほとんど流れないので，バイポーラ接合トランジスタに比べ入力インピーダンスが高い特徴を持つ。MOSFET は酸化膜の影響により，特に入力インピーダンスが高い。

図 3.23 に JFET の構成と図記号を示す。JFET は**ゲート**（G：gate），**ソース**（S：source），**ドレーン**（D：drain）の 3 種類の 3 または 4 端子からなり，ソー

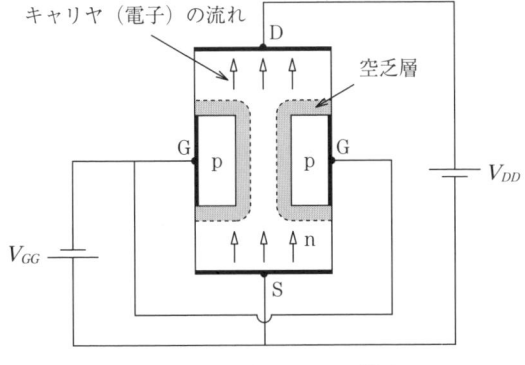

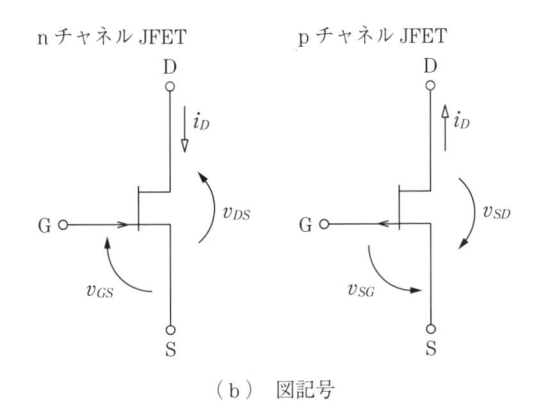

3.4 電界効果トランジスタの概要　　77

（a）nチャネル JFET の構成

（b）図記号

図 3.23　JFET の構成と図記号

ス-ドレーン間の半導体（**チャネル**）の種類により，nチャネル JFET とpチャネル JFET に分けられる。動作の基本は，ソースから流れるキャリヤ（電子）の流れをゲート電極により制御する。nチャネル JFET はn型半導体の上下にドレーンとソースの電極を設け，左右の側面にp型のゲートを配置してpn接合を形成する。図のようにゲートに負の電圧を加えると，pn接合には逆電圧が加わるので電流は流れず，チャネル内にキャリヤの存在しない空乏層と呼ばれる領域ができる。この空乏層の広がりはゲートに加える負電圧によって変化し，逆電圧 V_{GG} を大きくすることにより広がりが大きくなり，チャネルの通路が狭くなりソース-ドレーン間を電子が流れにくくなる。このように JFET

では素子の電流の流れを電圧で制御する。また，V_{DD}を大きくすることによっても空乏層の広がりは大きくなる。pチャネルJFETの構造はn型とp型半導体を入れ替えたものとなり，電圧の加え方は図3.23（a）と極性が逆となる。

図3.24にMOSFETの構成と図記号を示す。MOSFETはJFETと同様に，チャネルがn型半導体かp型半導体かにより，nチャネルMOSFETとpチャネルMOSFETに分けられる。図（a）はnチャネルMOSFETの構成で，p型半導体の基板中に不純物濃度が高いn^+層のソースとドレーン領域を形成する。

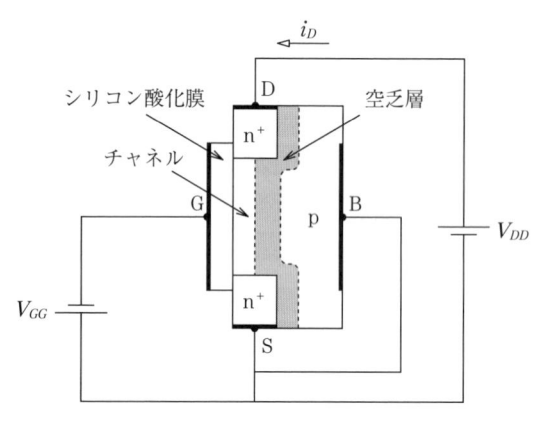

（a） nチャネルMOSFETの構成

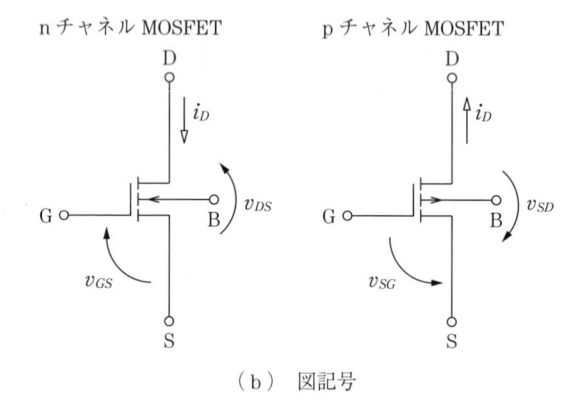

（b） 図記号

図3.24　MOSFETの構成と図記号

このソースとドレーン領域に重なるように薄い絶縁層（シリコン酸化膜）とゲートの金属端子を設ける。絶縁層とゲートの金属端子は，チャネルのキャリヤの流れを制御する役割を持つ。ゲートにソースに対し正の電圧 V_{GG} をかけることにより，ソース側の n 型半導体から p 型半導体の中へ電子が出てきて，この電子が n チャネルを形成する基となる。サブストレートゲート（B）は必要に応じて，ソースと接続して使用する。V_{GG} を大きくするとチャネルの厚さが増し，ドレーン電流 i_D が大きくなる。p チャネル MOSFET の構造は n 型と p 型半導体を入れ替えたものとなり，電圧の加え方は図（a）と極性が逆となる。

3.4.2　電界効果トランジスタの静特性

JFET は通常，図 3.23 のようにソース接地回路として使用される。ここでゲート-ソース間電圧 v_{GS} はゲート-ソース間の pn 接合を逆バイアスするように加えられる。その結果，ゲート電流は非常に小さく，ゲート-ソース間が開放されているとみなすことができる。そのため，トランジスタ回路に用いられるような入力特性は使用されない。n チャネル JFET のソース接地回路での出力特性を**図 3.25**（a）に示す。

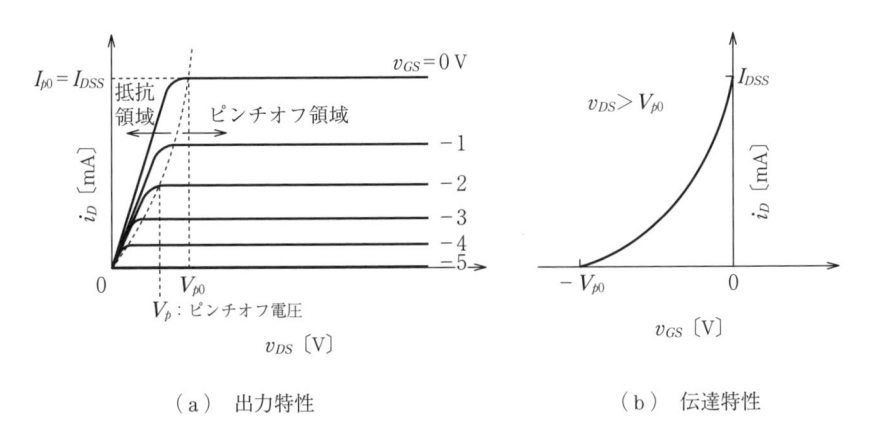

（a）　出力特性　　　　　　　　　（b）　伝達特性

図 3.25　JFET の静特性

この図においてドレーン電圧 V_{DD}, すなわち v_{DS} が大きくなると, 図3.23 (a) に示す左右の空乏層の先端が, しだいに接近して触れ合うようになる。このときの電圧 v_{DS} を**ピンチオフ電圧** (pinchoff voltage) と呼び, 図3.25(a) では V_p と表記している。V_{GG}, すなわち v_{GS} を一定として, v_{DS} を大きくすると, ピンチオフ電圧になるまでは電圧と電流の関係が線形な抵抗素子のように動作する。また, v_{DS} がピンチオフ電圧以上になると, ドレーン電流 i_D は v_{DS} が変化してもほぼ一定に保たれるようになる。

よって, 図3.25(a) に示すように, ピンチオフ電圧を境に, 特性の左側を抵抗領域, 右側をピンチオフ領域と呼ぶ。一般的に $v_{GS}=0$ でのピンチオフ電圧 V_{p0} は $4\sim 5\,\mathrm{V}$ であり, この V_{p0} を用いて任意の v_{GS} に対するピンチオフ電圧 V_p は次式に従って低下する。

$$V_p = V_{p0} + v_{GS} \tag{3.18}$$

式 (3.18) より, v_{GS} を負の方向に大きくしていくと V_p は小さくなり, $|v_{GS}|=V_{p0}$ のとき $V_p=0$ となり, i_D も 0 となる。$v_{GS}=0$ での飽和ドレーン電流 I_{p0} を I_{DSS} と表記すると, ドレーン電流 i_D は v_{DS} が一定のとき, ピンチオフ領域においてゲート-ソース間電圧の2乗にほぼ比例する。

$$i_D = I_{DSS}\left(1 + \frac{v_{GS}}{V_{p0}}\right)^2 \tag{3.19}$$

式 (3.19) は図3.25(a) の出力特性において, ピンチオフ領域で v_{GS} が等間隔に変化しても, i_D が等間隔に変化しないことを意味する。図(b) は式 (3.19) をグラフにしたものであり**伝達特性** (transfer characteristic) と呼ばれる。この特性はバイアスを定めるときに使用される。また伝達特性は図(a) の出力特性において, ピンチオフ領域で v_{DS} を一定にして v_{GS} と i_D を読むことにより出力特性から導くことができる。

つぎに, MOSFET の静特性について考える。図3.24(a) においてゲート-ソース間電圧 V_{GG} を 0 にしてドレーン-ソース間電圧 V_{DD} を加えてもドレーン電流 i_D は流れない。つぎに V_{DD} を加えた状態で V_{GG} を大きくしていくと, pn

3.4 電界効果トランジスタの概要

接合には逆電圧が加わるため空乏層ができる．また，同時に V_{GG} による酸化膜における電界に電子が誘起され，チャネルが形成されて i_D が流れる．このようにチャネルが形成される最小のゲート電圧を**しきい電圧**（threshold voltage）V_T と呼び，チャネルが形成されている状態を**エンハンスメントモード**（enhancement mode）と呼ぶ．図 3.26 に MOSFET の静特性を示す．

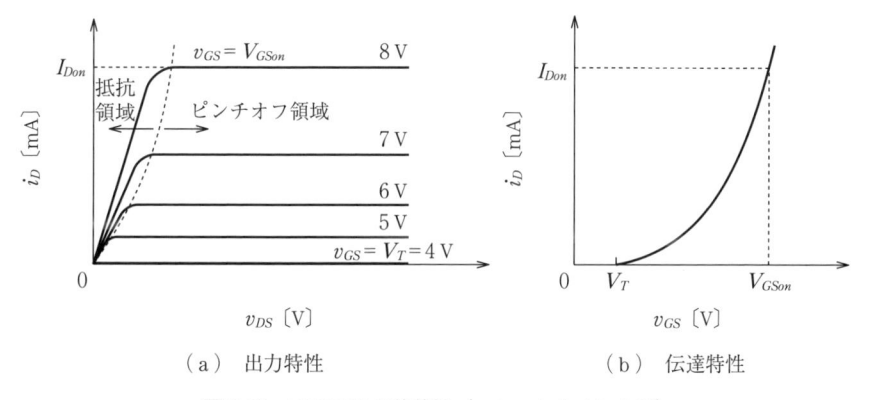

（a）出力特性　　　　　　　　（b）伝達特性

図 3.26 MOSFET の静特性（エンハンスメント型）

エンハンスメントモード，すなわちピンチオフ領域におけるドレーン電流 i_D は，式 (3.19) において $V_{p0} \rightarrow -V_T$，$I_{DSS} \rightarrow I_{Don}$ と置き換えた式 (3.20) により表される．

$$i_D = I_{Don}\left(1 - \frac{v_{GS}}{V_T}\right)^2 \tag{3.20}$$

ただし，I_{Don} はピンチオフ領域におけるドレーン電流を表す．ここで述べた MOSFET は，ゲート電圧を加えない状態ではチャネルが形成されないため，ドレーン電流は流れない．このタイプを**エンハンスメント型**と呼ぶ．

一方，ゲート電圧を加えない状態でもドレーン電流が流れるタイプを**ディプレション型**（depletion type）と呼ぶ．

演 習 問 題

[3.1] pnp型トランジスタの電子と正孔の流れと電流の流れを図3.2のように示せ。

[3.2] npn型トランジスタにおいて，エミッタ領域へ10^9個/msの正孔が流れ，このとき同時にエミッタからコレクタ領域まで10^{12}個/msの電子が流れた。ベース電流は$i_B = 2\,\mu\text{A}$であった。素電荷を$1.602 \times 10^{-19}\,\text{C}$として，① エミッタ電流$i_E$とコレクタ電流$i_C$を求めよ。② 正孔電流は無視して電流増幅率$\alpha = i_C/i_E$および$\beta = i_C/i_B$を求めよ。

[3.3] $\alpha = 0.99$, $i_B = 20\,\mu\text{A}$, $I_{CBO} = 200\,\text{nA}$のトランジスタにおいて，① コレクタ電流i_C, ② エミッタ電流i_E, ③ $I_{CBO} = 0$としたときのエミッタ電流$i_E{}'$, ④ エミッタ電流誤差$\Delta i_E = i_E - i_E{}'$を求めよ。

[3.4] $\beta = 90$, $i_C = 2\,\text{mA}$, $I_{CBO} = 4\,\mu\text{A}$のトランジスタにおいて，① ベース電流i_B, ② エミッタ電流i_Eを求めよ。

[3.5] バイポーラ接合トランジスタの静特性にはどのようなものがあるか整理してまとめよ。

[3.6] JFETとMOSFETの静特性にはどのような違いがあるか整理してまとめよ。

4 トランジスタのバイアス回路

　バイポーラ接合トランジスタを用いた回路は，トランジスタを動作させるための直流回路と入力信号を増幅して出力する交流回路の二つの組合せにより構成される。本章では，バイポーラ接合トランジスタを動作させるための直流回路（バイアス回路）について，その概要，バイアス回路により定まる安定指数，さまざまなバイアス回路の例，また非線形素子によるバイアス回路の安定化手法を説明する。さらに，電界効果トランジスタのバイアス回路についても述べる。

4.1 バイアス回路の概要

4.1.1 バイアス回路の必要性

　図 4.1 に示すトランジスタ増幅回路における電圧，電流について，トランジスタの静特性を用いて考える。トランジスタを用いて入力信号電圧 v_S を増幅させるためには，V_{BB}，V_{CC} の直流電圧源が必要である。このとき，V_{BB}，V_{CC}

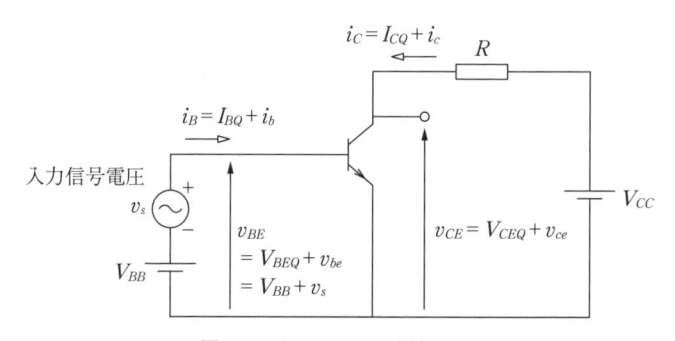

図 4.1　トランジスタ増幅回路

をバイアス電圧源と呼び，入力信号を使用したいトランジスタ特性の位置まで移動させる役割を担う。

図 4.2 は静特性上でのトランジスタの電圧と電流を示す。図（a）は入力特性を示し，バイアス電圧源 V_{BB} により加えられたバイアス電圧 V_{BEQ} により，入力信号電圧 v_s の中心が動作点（Q 点）の位置まで移動し，それに伴い入力

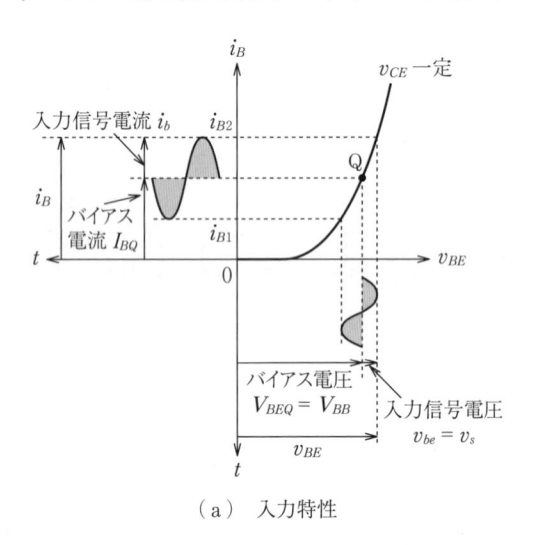

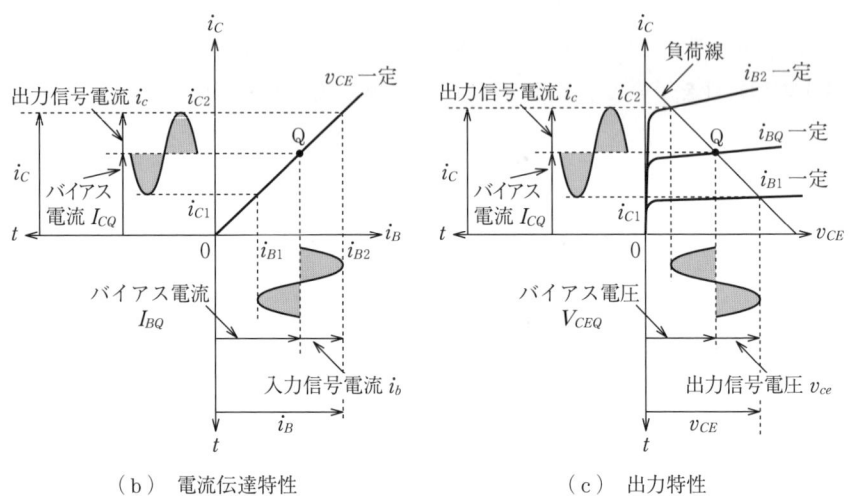

（a） 入力特性

（b） 電流伝達特性　　　　　　　　（c） 出力特性

図 4.2　トランジスタの電圧と電流

信号電流 i_b の中心も Q 点の位置まで移動する．図（b）は電流伝達特性を示し，入力信号電流 i_b は，バイアス電圧源 V_{CC} によるバイアス電流 I_{CQ} により Q 点付近で変化する出力信号電流 i_c として伝達される．図（c）は出力特性を示し，出力信号電流 i_c の変化に伴い，コレクタ-エミッタ間電圧とコレクタ電流は，後述の負荷線上で変化し，出力信号電圧 v_{ce} となり増幅された信号電圧へと変化する．

　上記の方法では，入力信号をトランジスタ特性の能動領域を用いて増幅作用させるためにバイアス電圧源を用いており，入力信号を波形ひずみなく増幅するためにはバイアスを加えることが必要不可欠であり，その電圧，電流を定めるバイアス回路の概念が重要であることがわかる．

4.1.2　回路法則による解析

　図 4.3 に最も一般的なエミッタ接地のバイアス回路を示す．この回路について，回路法則を用いて解析を行う．まず，バイアス回路のベース電流 I_{BQ} をテブナンの定理を用いて求める．

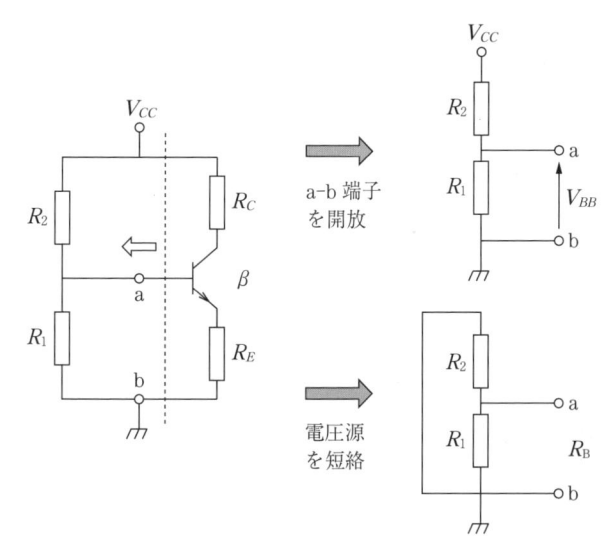

図 4.3　一般的なバイアス回路

図よりテブナン電圧 V_{BB}, テブナン抵抗 R_B は

$$V_{BB} = \frac{R_1}{R_1+R_2} V_{CC}, \quad R_B = \frac{R_1 R_2}{R_1+R_2}$$

とわかる．よって，回路のベース-エミッタループに V_{BB}, R_B を用いたバイアス回路は図 4.4 のように表される．

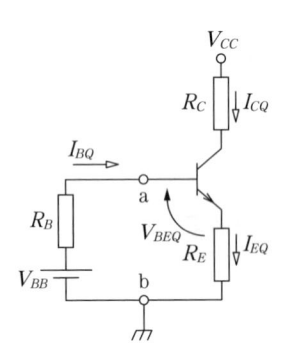

図 4.4 テブナンの定理を用いたバイアス回路

つぎに，ベース-エミッタループにキルヒホッフの電圧則を適用して

$$V_{BB} = R_B I_{BQ} + V_{BEQ} + R_E I_{EQ} \tag{4.1}$$

となる．ここで漏れ電流を無視すると，$\beta = I_{CQ}/I_{BQ}$, $I_{CQ} = I_{EQ} - I_{BQ}$ より $I_{EQ} = (\beta+1)I_{BQ}$ であるから，式 (4.1) は

$$V_{BB} = R_B I_{BQ} + V_{BEQ} + R_E(\beta+1)I_{BQ}$$

と変形できる．上式より I_{BQ} は

$$I_{BQ} = \frac{V_{BB} - V_{BEQ}}{R_B + R_E(\beta+1)} \tag{4.2}$$

と求められる．使用するトランジスタの電流増幅率 β が既知である場合，シリコントランジスタであれば $V_{BEQ} \approx 0.7\,\mathrm{V}$ とすることにより，バイアス電流 I_{BQ} を求めることができる．また，I_{EQ}, I_{CQ} も同様に

$$I_{EQ} = (\beta+1)I_{BQ} = \frac{V_{BB} - V_{BEQ}}{R_B/(\beta+1) + R_E} \tag{4.3}$$

$$I_{CQ} = \beta I_{BQ} = \frac{V_{BB} - V_{BEQ}}{(R_B + R_E)/\beta + R_E} \tag{4.4}$$

のように求められる。

4.1.3 グラフによる解析

バイアス電圧，電流は，トランジスタの特性を用いても求めることができる。**図 4.5** に示すバイアス回路においてトランジスタの出力電圧 V_{CEQ} と入力電流 I_{BQ}, 出力電流 I_{CQ} の間にどのような関係があるか考える。コレクタ-エミッタループにキルヒホッフの電圧則を適用して

$$V_{CC} = R_{dc} I_{CQ} + V_{CEQ}$$

が成り立つ。よって，式の変形により

$$I_{CQ} = -\frac{V_{CEQ}}{R_{dc}} + \frac{V_{CC}}{R_{dc}} \tag{4.5}$$

となる。式 (4.5) は直流成分からなるので，より一般的な直流成分＋交流成分の表記に変更，すなわち V_{CEQ} を v_{CE}, I_{CQ} を i_C に変更することにより式 (4.6) を得る。

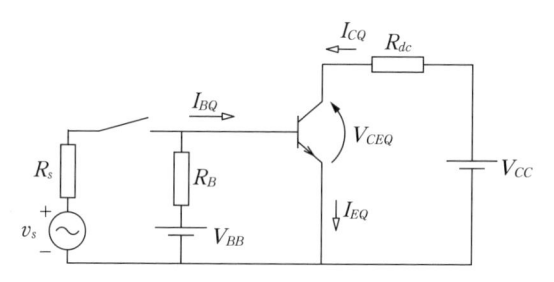

図 4.5 バイアス回路の等価回路

$$i_C = -\frac{v_{CE}}{R_{dc}} + \frac{V_{CC}}{R_{dc}} \tag{4.6}$$

式 (4.6) はバイアス回路の出力ループ（コレクタ-エミッタループ）における電圧電流関係式であり，**直流負荷線**（DC load line）を表す式となる。式 (4.2) で表される $i_B = I_{BQ}$ が定められれば，**図 4.6** のように動作点の I_{CQ}, V_{CEQ} をトランジスタの出力特性のグラフより求めることができる。

図4.6 直流負荷線

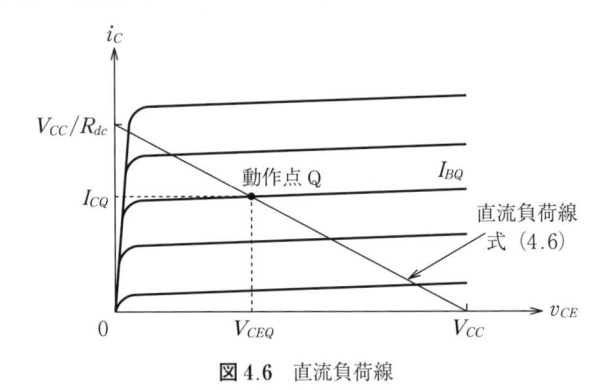

例題 4.1 図4.7（a）のバイアス回路において，$V_{CC}=10\,\text{V}$，$V_{BEQ}=0.7\,\text{V}$，$R_B=930\,\text{k}\Omega$，$R_C=500\,\Omega$のとき，以下の問いに答えよ。

① a–b端子の左側にテブナンの定理を適用して回路を書き直せ。
② ベース電流I_{BQ}を求めよ。
③ 直流負荷線と動作点を図（b）のグラフに描け。
④ グラフよりコレクタ–エミッタ間電圧V_{CEQ}とコレクタ電流I_{CQ}を求めよ。

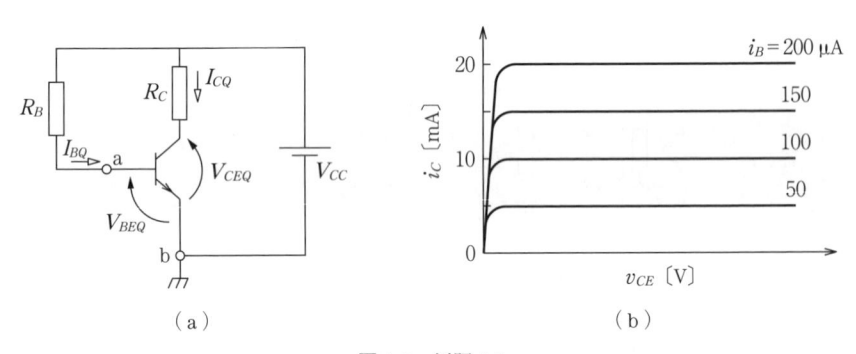

図4.7 例題4.1

【解答】 ① 図4.8（a）のようにa–b端子を開放して，テブナン電圧V_{Th}は$V_{Th}=V_{CC}$となる。また，図（b）のように電圧源を無効にして，テブナン抵抗R_{Th}は$R_{Th}=R_B$となる。よってV_{Th}とR_{Th}を用いて回路を書き直すと，図（c）のようになる。

② 図（c）のベース–エミッタループにキルヒホッフの電圧則を適用して
$$V_{CC}=R_B I_{BQ}+V_{BEQ}$$

4.1 バイアス回路の概要

(a)

(b)

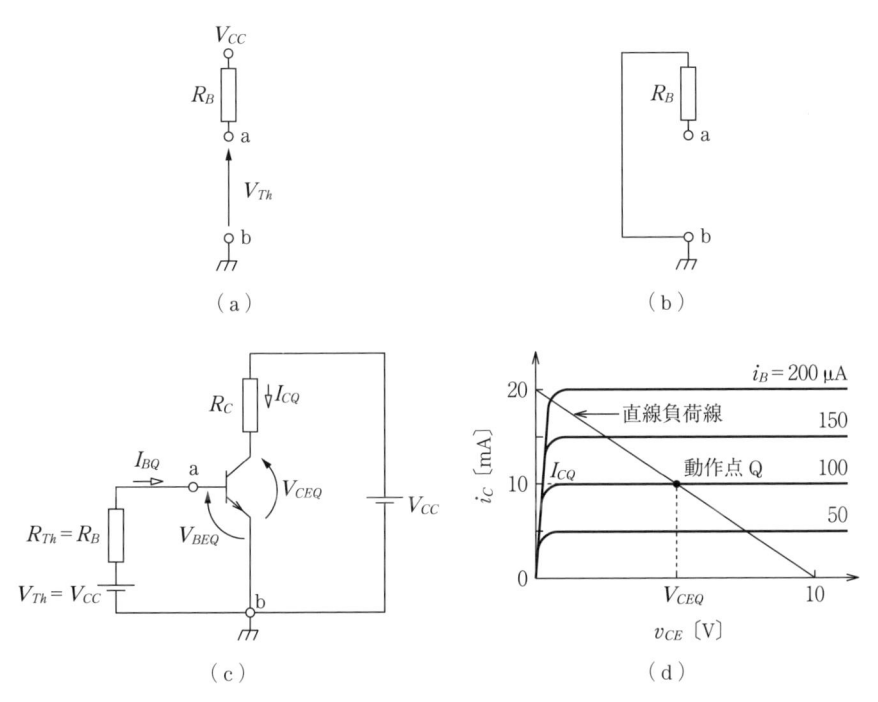

(c)

(d)

図 4.8 例題 4.1 解答

が成り立つ。よって

$$I_{BQ} = \frac{V_{CC} - V_{BEQ}}{R_B} = \frac{10 - 0.7}{930 \times 10^3} = 100 \ \mu A$$

③ 直流負荷線を表す式は，コレクタ-エミッタループにキルヒホッフの電圧則を適用して

$$V_{CC} = R_C I_{CQ} + V_{CEQ}$$

が成り立つ。よって

$$I_{CQ} = -\frac{V_{CEQ}}{R_C} + \frac{V_{CC}}{R_C}$$

となり，V_{CEQ} を v_{CE}，I_{CQ} を i_C に変更して次式が得られる。

$$i_C = -\frac{v_{CE}}{R_C} + \frac{V_{CC}}{R_C}$$

この直流負荷線は，縦軸と $V_{CC}/R_C = 20$ mA で交わり，横軸と $V_{CC} = 10$ V で交わる。また，動作点は負荷線と $i_B = I_{BQ} = 100 \ \mu A$ の特性曲線との交点となる。よって負荷線と動作点は図 (d) のようになる。

④ 図（d）より動作点での v_{CE} と i_C を読み取ることにより，$V_{CEQ}=5\,\mathrm{V}$，$I_{CQ}=10\,\mathrm{mA}$ と求められる。　　　　　　　　　　　　　　　　　　　　　　☆

例題 4.2　図 4.9（a）に示す回路においてスイッチを閉じたとき，ベース電流がつぎのようになった。

$$i_B = I_{BQ} + i_b = 40 + 20\sin(\omega t)\ [\mu\mathrm{A}]$$

トランジスタの入力，出力特性は図（b），（c）とする。$V_{CC}=12\,\mathrm{V}$，$R_{dc}=1\,\mathrm{k}\Omega$ のとき，① 直流成分である V_{BEQ} と I_{CQ}，V_{CEQ}，② 交流成分である v_{be} と i_c，v_{ce}，③ 動作点における β を図より求めよ。

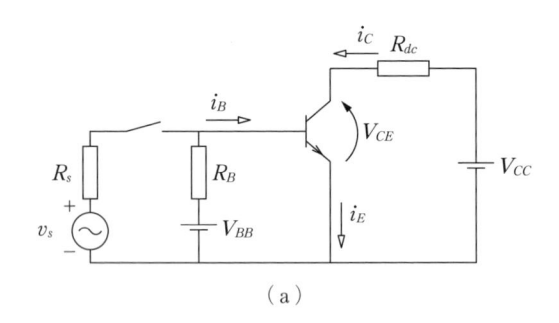

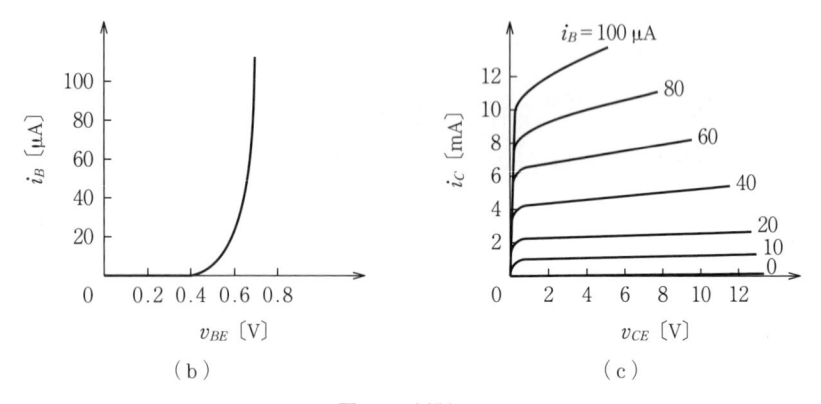

図 4.9　例題 4.2

【解答】　① ベース電流の直流成分は $I_{BQ}=40\,\mu\mathrm{A}$ であるから，入力特性より動作点は図 4.10（a）のようになり，このときのベース-エミッタ間電圧を読むことにより，$V_{BEQ}=0.65\,\mathrm{V}$ が求まる。また，直流負荷線は図（b）に示すとおり縦軸と $V_{CC}/R_{dc}=12\,\mathrm{mA}$ で交わり，横軸と $V_{CC}=12\,\mathrm{V}$ で交わる。動作点はこの負荷

4.1 バイアス回路の概要

(a)

(b)

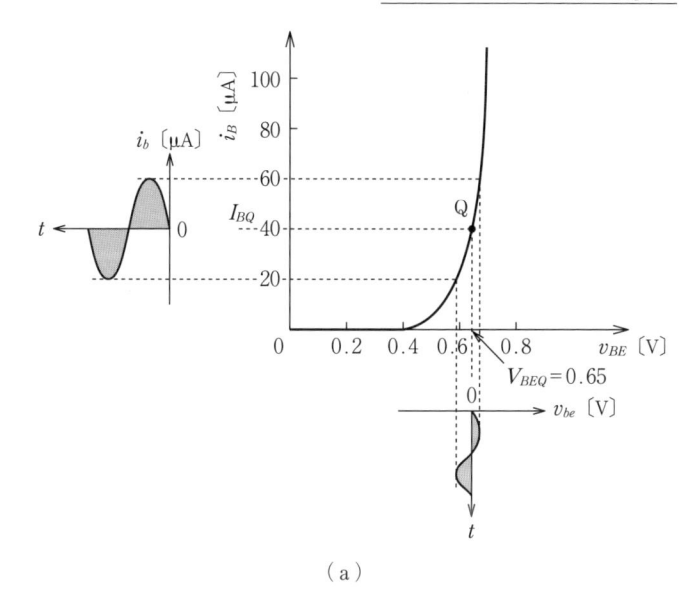

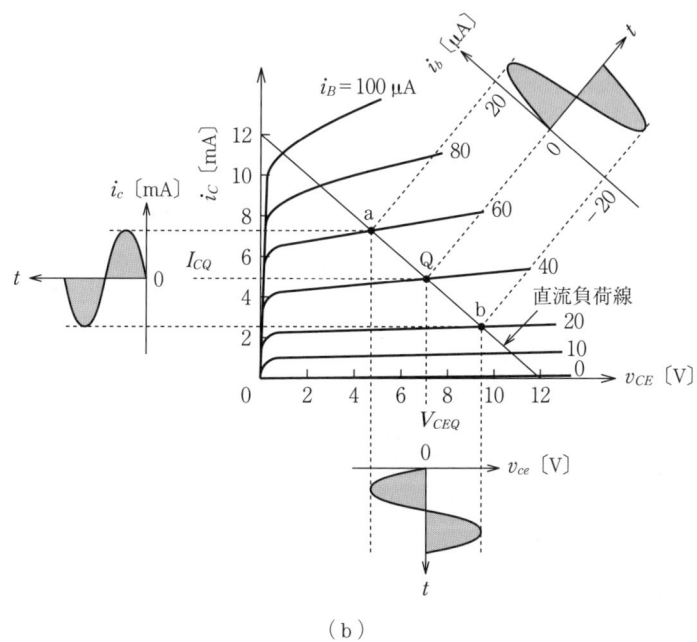

図 4.10 例題 4.2 解答

線と $i_B = I_{BQ} = 40\,\mu\text{A}$ の特性曲線との交点となる。したがって，この図より動作点は，$I_{CQ} = 5\,\text{mA}$ で $V_{CEQ} = 7.2\,\text{V}$ であると読み取ることができる。

② ベース電流 i_B は $I_{BQ} = 40\,\mu\text{A}$ を中心に $\pm 20\,\mu\text{A}$ 変化する。よって，ベース-エミッタ間電圧 v_{BE} の交流成分 v_{be} は図（a）のようになる。また，出力特性において，負荷線と直角に動作点を通る線を時間軸として $i_b = 20\sin(\omega t)\,[\mu\text{A}]$ の曲線を描き，これを負荷線に投影して i_c と v_{ce} を求める。i_b は $\pm 20\,\mu\text{A}$ の間で変化するので，図（b）のように動作点は負荷線上の点 a と点 b 間を移動する。したがって，コレクタ電流とコレクタ-エミッタ間電圧の交流成分である i_c と v_{ce} は図（b）のようになる。電圧 v_{ce} は電流 i_c に対し位相が $180°$ 変化していることがわかる。

③ $i_B = 0$ の特性曲線が v_{ce} 軸とほぼ一致しているので，$I_{CEO} \approx 0$ として

$$\beta = \frac{I_{CQ}}{I_{BQ}} = \frac{5 \times 10^{-3}}{40 \times 10^{-6}} = 125$$

となる。　　　　　　　　　　　　　　　　　　　　　　　　　　　　　☆

4.1.4　トランジスタ回路のクラス

トランジスタ回路の動作点は直流負荷線上のどこに定めてもよいが，動作点の位置により増幅特性が異なる。交流信号を入力したとき，トランジスタが能動領域に存在する時間の割合により回路を分類したものを**クラス**（**級**）という。おもに，クラス A，AB，B，C の四つに分けられる。表 4.1 にその分類と特徴を示す。

表 4.1　トランジスタ回路のクラス分け

クラス（級）	信号が能動領域に存在する割合	特　徴
A	100%	線形増幅
AB	50〜100%	非対称線形増幅
B	50%	半波増幅
C	50%未満	半波増幅

図 4.11（a）は出力特性における各クラスでの動作点の位置を示し，図（b）は出力電圧 v_{ce} の波形を示す。クラス A では入力電流であるベース電流 i_B がトランジスタ特性の能動領域で変化するため，交流波形は位相が $180°$ 変化する

4.1 バイアス回路の概要　　93

（a）動作点の位置　　　　　　　（b）出力電圧の波形

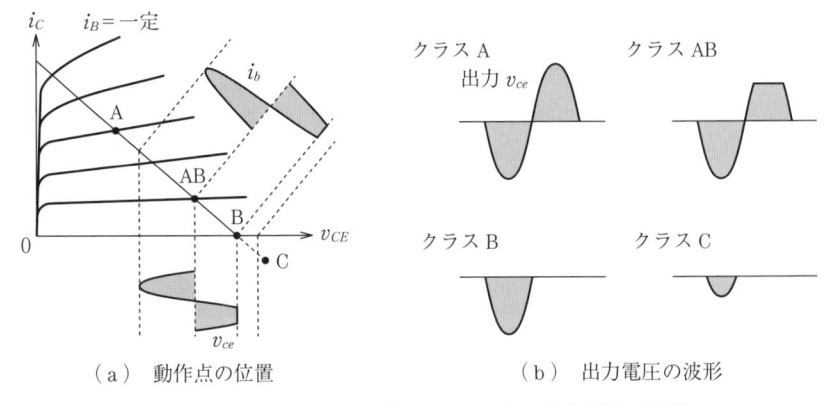

図 4.11 トランジスタ回路のクラスによる出力電圧の波形

のみで v_{ce} の波形はクリップされないが，それ以外のクラスでは波形の一部分がクリップされ整流作用が見られる。

例題 4.3　図 4.9（a）に示す回路において，ベース電流の直流成分 I_{BQ} を 10 μA と仮定する。トランジスタの入力，出力特性は図（b），（c）で，$V_{CC} = 12$ V，$R_{dc} = 2\,\mathrm{k\Omega}$ とする。① ベース電流 i_B の最大値が 50 μA になるように交流成分を加えたときの v_{be} と i_c，v_{ce} を作図により求めよ。② i_B の最大値が 70 μA になるように交流成分を加えたときの v_{be} と i_c，v_{ce} を求めよ。

【解答】　① ベース電流 i_B の直流成分は $I_{BQ} = 10$ μA であるから，i_B は**図 4.12**（a）のように 0 から 50 μA の範囲で変化する。i_B は正の値しかとらないため，i_b は図（a）のように負の電流の一部がクリップされた波形となる。v_{be} は i_b の変化に伴い，図（a）に示すようになる。また，出力特性において直流負荷線は縦軸と $V_{CC}/R_{dc} = 6\,\mathrm{mA}$，横軸と $V_{CC} = 12\,\mathrm{V}$ で交わる。ベース電流の直流分は $I_{BQ} = 10$ μA であるから，動作点は図（b）のように表される。この動作点を中心に i_b が -10 μA から 40 μA の間で変化するため，これを負荷線に投影して i_c と v_{ce} は図（b）のようになる。図より出力電圧 v_{ce} の正の部分の一部がクリップされるため，この条件で回路を使用するときはクラス AB での動作となる。

② ① と同様に i_B は**図 4.13**（a）のように 0 から 70 μA の範囲で変化する。よって i_b と v_{be} は図（a）のような波形となる。負荷線と動作点は ① と同様であるが，動作点を中心に i_b が -10 μA から 60 μA の間で変化する。これを出力特性の負荷線に投影して i_c と v_{ce} は図（b）のようになる。図より出力電圧 v_{ce} の正の部

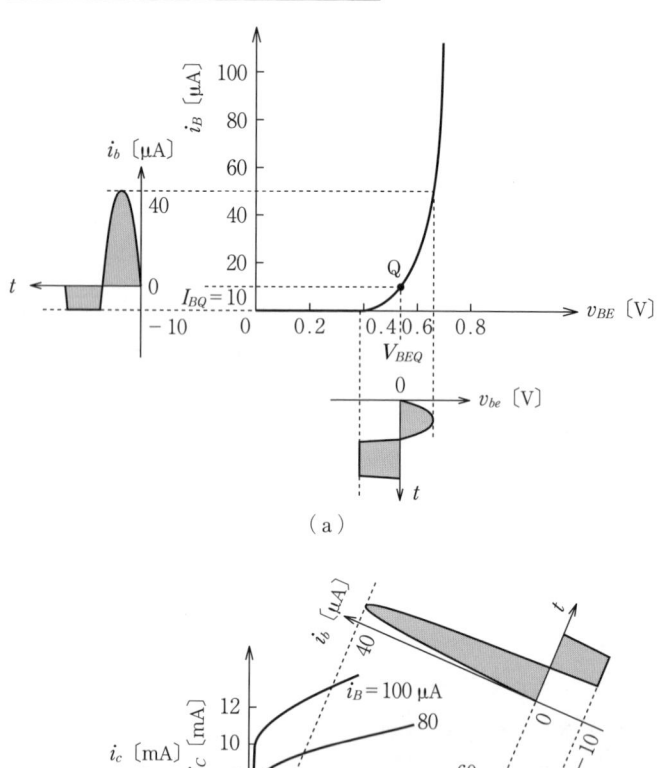

94   4. トランジスタのバイアス回路

(a)

(b)

図 4.12　例題 4.3 ① 解答

分の一部だけでなく，負の部分の一部もクリップされる。これは，入力電流 i_b が大きいために，トランジスタ特性の飽和領域にコレクタ-エミッタ間電圧が及

4.1 バイアス回路の概要

（a）

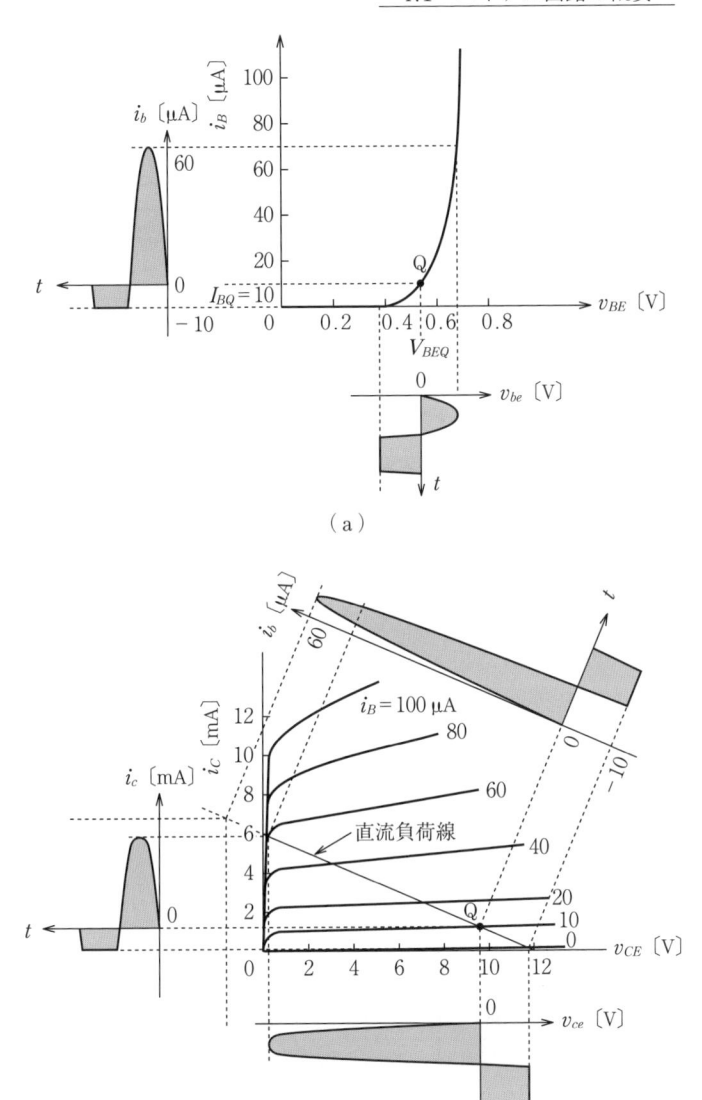

（b）

図 4.13　例題 4.3 ②解答

ぶためである．このような状態を**出力が飽和する**といい，通常は出力が飽和しないように入力電流を調節する． ☆

4.1.5 キャパシタの役割

受動素子であるキャパシタのインピーダンスは,直流,交流において値が異なる。この特性を利用し,キャパシタはおもに以下の用途で使用される。

・**カップリングキャパシタ(結合コンデンサ)** C_C:トランジスタの直流電圧源によるバイアス条件を変えずに,交流信号をトランジスタに加える役割をする。

・**バイパスキャパシタ(バイパスコンデンサ)** C_E:交流信号に対して利得を減少させるエミッタ抵抗 R_E を取り除く役割をする。

それぞれの役割を持つキャパシタ C_C, C_E は,十分大きな値を持つと仮定すると,インピーダンス $1/j\omega C$ の大きさは直流信号に対しては∞,交流信号に対しては0とみなすことができる。図 4.14(a)の回路には二つのカップリングキャパシタ C_C と一つのバイパスキャパシタ C_E が用いられているが,直流に対してはカップリングキャパシタにより入力側 R_i, v_i と出力側 R_L に影響を及ぼさない。一方,交流に対してはカップリングキャパシタ,バイパスキャパシタが短絡され,図(b)のように交流信号に対する等価回路が表される。この等価回路のコレクタ-エミッタループにおいて,交流信号についてキルヒホッフの電圧則を適用すると

$$v_{ce} = -i_c R_{ac} \tag{4.7}$$

(a) 実際の回路   (b) 交流信号に対する等価回路

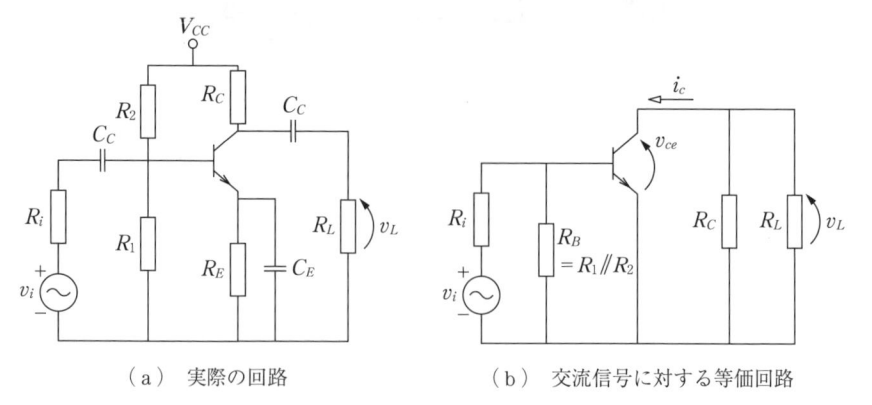

図 4.14 キャパシタの使用法

4.1 バイアス回路の概要

となる。ただし，$R_{ac} = R_C \mathbin{/\!/} R_L$ とする（"$/\!/$" は並列を表す記号として用いる）。ここで $i_c = i_C - I_{CQ}$，$v_{ce} = v_{CE} - V_{CEQ}$ であるため，これらを用いて式 (4.7) を直流信号が含む形で表現し直すと式 (4.8) となる。

$$i_C = -\frac{v_{CE}}{R_{ac}} + \frac{V_{CEQ}}{R_{ac}} + I_{CQ} \tag{4.8}$$

図 4.15 にトランジスタの出力特性にグラフとして表した例を示す。動作点 Q を通る傾きが $-1/R_{ac}$ の直線を**交流負荷線**（AC load line）という。エミッタ電流 i_C とベース-エミッタ間電圧 v_{CE} は式 (4.8) に従い，時間の経過とともに動作点を示す Q (V_{CEQ}, I_{CQ}) を中心に交流負荷線上を移動する。

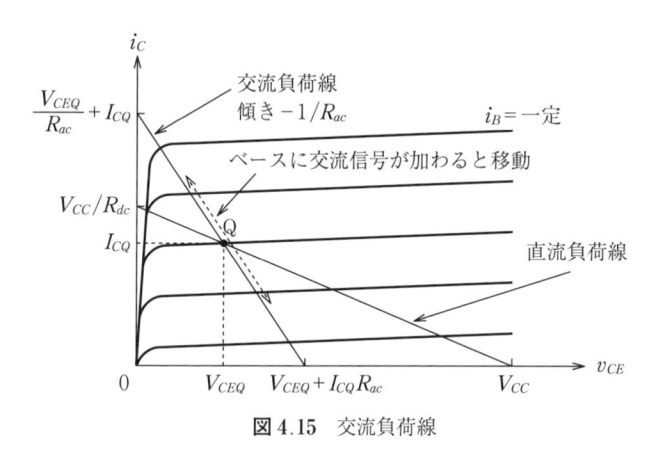

図 4.15 交流負荷線

例題 4.4 図 4.16（a）の回路において，$V_{CC} = 10\,\text{V}$, $R_C + R_E = 25\,\text{k}\Omega$, $i_C \approx i_E$ のとき，以下の問いに答えよ。

① トランジスタの出力特性が図 4.16（b）で表されるとき，図（b）の特性上に直流負荷線を記入せよ。

② ベース電流が $i_B = 0.5 + 0.25 \sin(\omega t)$ 〔μA〕の場合，動作点と交流信号波形を図（b）の特性上に1周期分描け。

③ この回路において，エミッタ抵抗 R_E に大容量のキャパシタ C_E を並列接続した場合の交流負荷線と1周期分の交流信号波形を図（b）の特性上

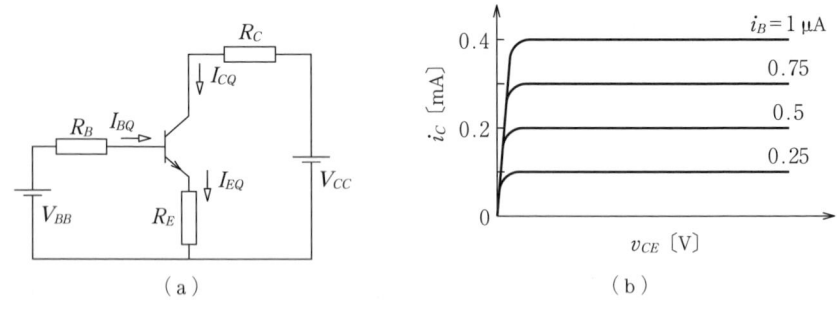

図 4.16　例題 4.4

に描け。ここで，R_E と R_C は等しい値とする。

【解答】 ① 直流負荷線を表す式は $V_{CC} = v_{CE} + i_C(R_C + R_E)$ より

$$i_C = -\frac{v_{CE}}{R_C + R_E} + \frac{V_{CC}}{R_C + R_E}$$

が得られる。上式より $i_C = 0$，$v_{CE} = V_{CC} = 10$，$v_{CE} = 0$ のとき

$$i_C = \frac{V_{CC}}{R_C + R_E} = \frac{10}{25 \times 10^3} = 0.4 \times 10^{-3}$$

となる。

よって，直流負荷線は**図 4.17**（a）のようになる。

② 与えられるベース電流 i_B において直流分は $0.5\,\mu A$ であるから，動作点 Q は直流負荷線と $i_B = 0.5\,\mu A$ 一定とした特性上の交点となる。また，i_B の交流成分は振幅 $0.25\,\mu A$ の正弦波であるから，図（a）のようになる。

③ 交流負荷線を表す式は，交流信号に対して $v_{ce} = -i_c R_C$ より，$i_c = -v_{ce}/R_C$ となる。$i_c = i_C - I_{CQ}$，$v_{ce} = v_{CE} - V_{CEQ}$ だから

$$i_C = -\frac{v_{CE}}{R_C} + \frac{V_{CEQ}}{R_C} + I_{CQ}$$

と書き直せる。

また，①より $V_{CEQ} = 5\,V$，$I_{CQ} = 0.2\,mA$ であり，交流負荷線を表す式より，$v_{CE} = 0$ のとき

$$i_C = \frac{V_{CEQ}}{R_C} + I_{CQ} = \frac{5}{12.5 \times 10^3} + 0.2 \times 10^{-3} = 0.6 \times 10^{-3}\,A$$

となる。

よって，図（b）のようにこの点と動作点 Q を通る直線が交流負荷線となる。

4.1 バイアス回路の概要

(a)

(b)

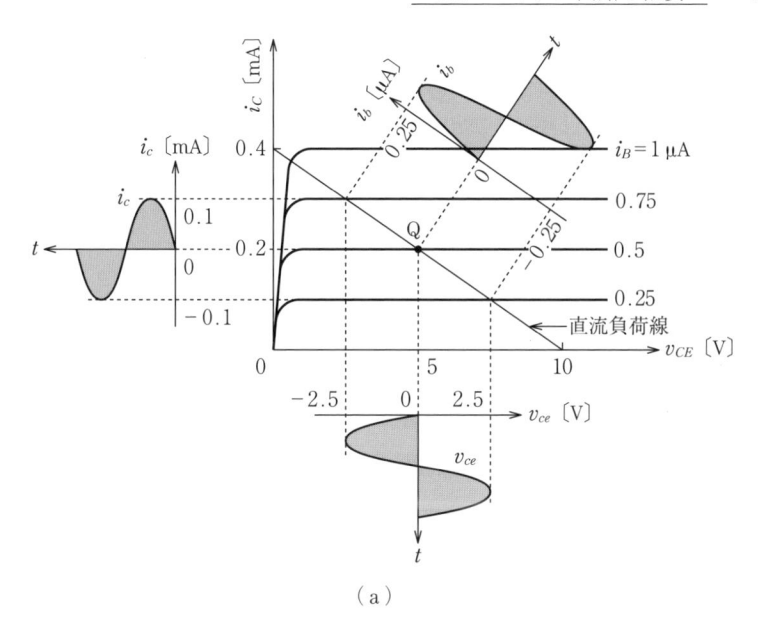

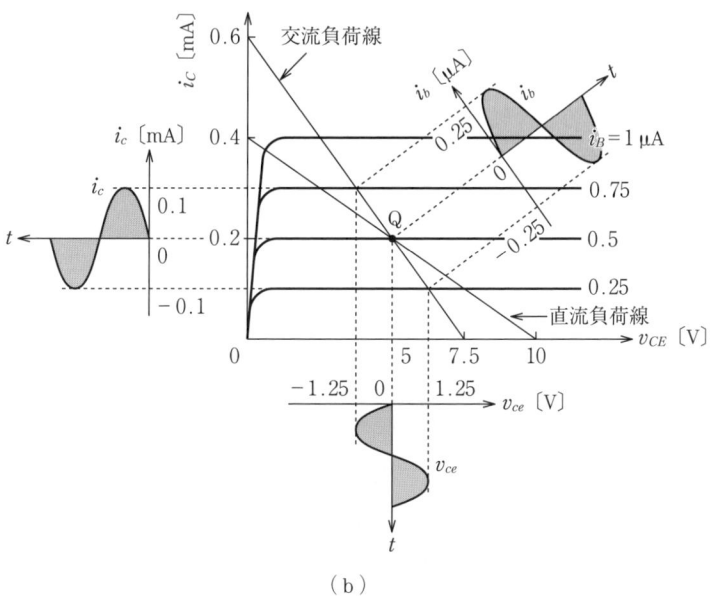

図 4.17 例題 4.4 解答

4.2 安 定 指 数

4.2.1 トランジスタ回路の安定性

トランジスタ回路を設計するには，使用目的に応じてどのような回路構成を用いるか，トランジスタをどのように動作させるか，すなわちどのクラスで動作させるのかを決め，適切な動作点を定めることが必要である。つぎに，トランジスタの素子ごとの特性のばらつきや温度による特性の変化が回路に与える影響（安定性）を確認して設計が完成する。

トランジスタ回路は素子自体のばらつき，温度変化による特性変化により動作点の変動が生じ，出力波形にひずみを生じやすい。特にトランジスタの電流増幅率 β は同一型名であっても，素子ごとのばらつきが非常に大きい（例えば，小信号用として代表的な 2SC1815 の β は，規格表には 70〜700 と記されている）。さらに β は周囲温度の変化によっても値が変化し，漏れ電流 I_{CBO}，ベース-エミッタ間電圧 V_{BEQ} も温度の変化によって値が変化する。図 4.18 に温度による動作点の変化例を示す。

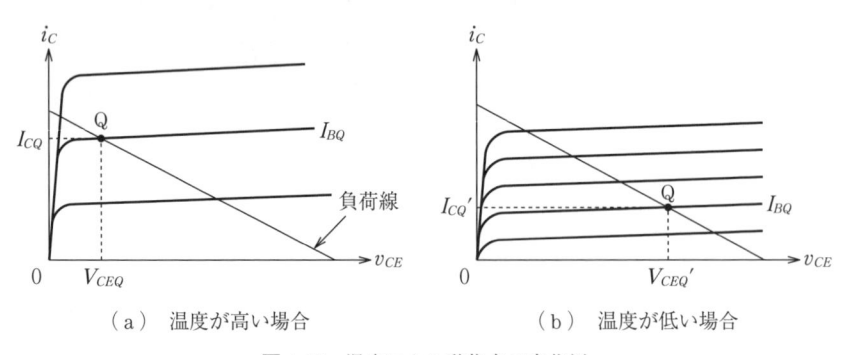

（a）温度が高い場合　　　　　（b）温度が低い場合

図 4.18　温度による動作点の変化例

ベース電流 I_{BQ} が一定のもとでコレクタ電流 I_{CQ} を測定すると，温度が高いとき，コレクタ電流 I_{CQ} は大きな値を示す。また，温度が低いとき，I_{CQ} は小さな値を示す。この現象は温度により電流増幅率 β などが変化することを意

味し，負荷線が温度により変化しない場合は，動作点の位置も変化する。このような動作点の変化は，交流出力波形にひずみを与えることにつながる。

図 4.19 に動作点の変化による出力波形の変化を示す。何らかの影響によりベース電流 I_{BQ1} が I_{BQ2}, I_{BQ3} に変化した場合，図のように元は Q_1 であった動作点が Q_2, Q_3 に移動する。そのときの v_{CE}, i_C は，飽和領域，またはカットオフ領域まで達し，その結果，交流出力はひずみを生じる。よってバイアス回路の設計では，製品のばらつきや周囲温度に左右されにくい回路構成，すなわち出力電流に大きな影響を与えるコレクタ電流 I_{CQ} が，β, I_{CBO}, V_{BEQ} の変化にあまり影響されない回路構成が望まれる。シリコントランジスタにおける代表的な β, I_{CBO}, V_{BEQ} の温度に対する変化量は，β が 1%/℃，I_{CBO} が 2 倍/10℃，V_{BEQ} が $-2\,\mathrm{mV}/℃$ 程度とされている。

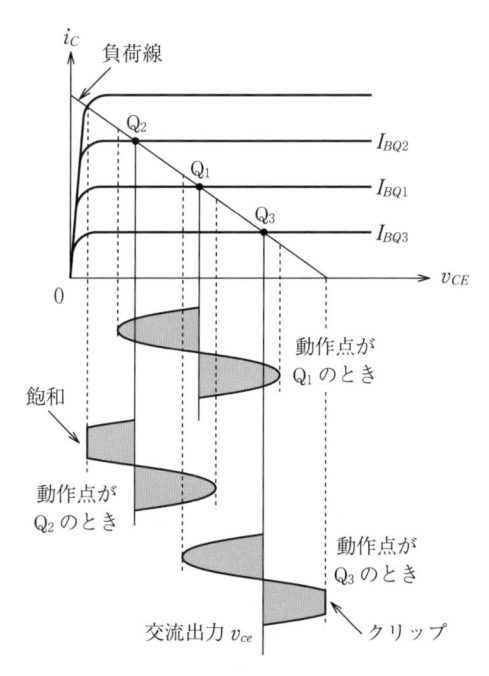

図 4.19　動作点の変化による出力波形の変化

4.2.2 安定指数を用いた確認

回路の安定性を調べる方法に**安定指数**（stability factor）を用いた方法がある。ここで安定指数とは，動作点のコレクタ電流 I_{CQ} が各要素に対し，どの程度変化するかを表した値である。いま，動作点のコレクタ電流 I_{CQ} を β，I_{CBO}，V_{BEQ} などを変数とする関数，式 (4.9) で表すことにする。

$$I_{CQ} = f(\beta, I_{CBO}, V_{BEQ}, \cdots) \tag{4.9}$$

式 (4.9) より，それぞれの変数が変化したときの I_{CQ} の全変化量 dI_{CQ} は

$$dI_{CQ} = \frac{\partial I_{CQ}}{\partial \beta} d\beta + \frac{\partial I_{CQ}}{\partial I_{CBO}} dI_{CBO} + \frac{\partial I_{CQ}}{\partial V_{BEQ}} dV_{BEQ} + \cdots \tag{4.10}$$

となる。式 (4.10) で，I_{CQ} の β での偏微分 $\partial I_{CQ}/\partial \beta$ は I_{CQ} の β に対する変化率，$d\beta$ は β の変化量を表す。ここで安定指数を以下のように定義する。

$$\left. \begin{array}{l} S_\beta \equiv \dfrac{\partial I_{CQ}}{\partial \beta} \approx \dfrac{\Delta I_{CQ}}{\Delta \beta} \\[2mm] S_I \equiv \dfrac{\partial I_{CQ}}{\partial I_{CBO}} \approx \dfrac{\Delta I_{CQ}}{\Delta I_{CBO}} \\[2mm] S_V \equiv \dfrac{\partial I_{CQ}}{\partial V_{BEQ}} \approx \dfrac{\Delta I_{CQ}}{\Delta V_{BEQ}} \end{array} \right\} \tag{4.11}$$

S_β と S_V は物理量として，それぞれ A，S の単位をもつ。

この安定指数を用いたバイアス回路におけるコレクタ電流の変化量 ΔI_{CQ} は，β，I_{CBO}，V_{BEQ} の変化量をそれぞれ $\Delta \beta$，ΔI_{CBO}，ΔV_{BEQ} と書き直して

$$\Delta I_{CQ} \approx S_\beta \Delta \beta + S_I \Delta I_{CBO} + S_V \Delta V_{BEQ} + \cdots \tag{4.12}$$

と表される。

例題 4.5 回路の安定指数が $S_\beta = 10^{-3}$，$S_I = 10$，$S_V = -10^{-3}$ で与えられるとき，温度が 20℃ 上昇した場合のコレクタ電流の増加量 ΔI_{CQ} を求めよ。ただし，β は 1%/℃，I_{CBO} は 2 倍/10℃，V_{BEQ} は -2 mV/℃ で変化し，回路に使用されているトランジスタの 25℃（標準的温度）における β は 200，I_{CBO} は 0.5μA とする。

【解答】 温度の上昇により β, I_{CBO}, V_{BEQ} のそれぞれの変化量 $\Delta\beta$, ΔI_{CBO}, ΔV_{BEQ} は

$$\Delta\beta = 200 \times 1.01^{20} - 200 = 44.038$$
$$\Delta I_{CBO} = (0.5 \times 10^{-6}) \times 2^{\frac{20}{10}} - 0.5 \times 10^{-6} = 1.5 \times 10^{-6}$$
$$\Delta V_{BEQ} = (-2 \times 10^{-3}) \times 20 = -40 \times 10^{-3}$$

となる。よってコレクタ電流の変化量 ΔI_{CQ} は

$$\begin{aligned}\Delta I_{CQ} &= S_\beta \Delta\beta + S_I \Delta I_{CBO} + S_V \Delta V_{BEQ} \\ &= 10^{-3} \times 44.038 + 10 \times 1.5 \times 10^{-6} + (-10^{-3})(-40 \times 10^{-3}) \\ &= 44.038 \times 10^{-3} + 0.015 \times 10^{-3} + 0.04 \times 10^{-3} = 44.093 \text{ mA}\end{aligned}$$ ☆

4.3 基本バイアス回路

4.3.1 固定バイアス回路

図 4.20 に**固定バイアス回路**（fixed bias circuit）と呼ばれる回路を示す。コレクタ電流 I_{CQ} を β と各端子電圧，電源電圧を用いて表す。

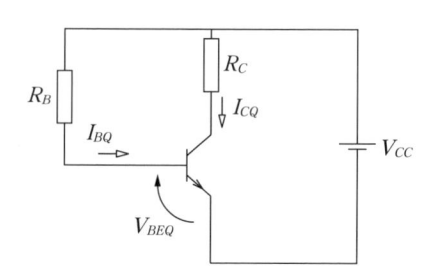

図 4.20 固定バイアス回路

まず，式 (3.6)，(3.11) より

$$I_{BQ} = \frac{I_{CQ} - (\beta+1)I_{CBO}}{\beta}$$

が得られる。よって，ベース-エミッタループにキルヒホッフの電圧則を適用して次式を得る。

$$I_{BQ}R_B = \frac{I_{CQ} - (\beta+1)I_{CBO}}{\beta}R_B = V_{CC} - V_{BEQ} \tag{4.13}$$

一般に，$V_{CC} \gg V_{BEQ}$ であるから，動作点での V_{BEQ} が変化しても I_{BQ} はほぼ

一定の値となる．コレクタ電流 I_{CQ} は式 (4.13) を変形して，以下のように表される．

$$I_{CQ} = \beta \frac{V_{CC} - V_{BEQ}}{R_B} + (\beta + 1) I_{CBO} \tag{4.14}$$

また，式 (4.14) の第一項は大きな値，第二項は小さな値を示す．よって高電流利得が得られるが，I_{CQ} は β にほぼ比例し，β の変化に敏感であるといえる．

4.3.2 電流帰還バイアス回路

図 4.21（a）に**電流帰還バイアス回路**を示す．図（b）は，テブナンの定理を用いて書き直した等価回路である．

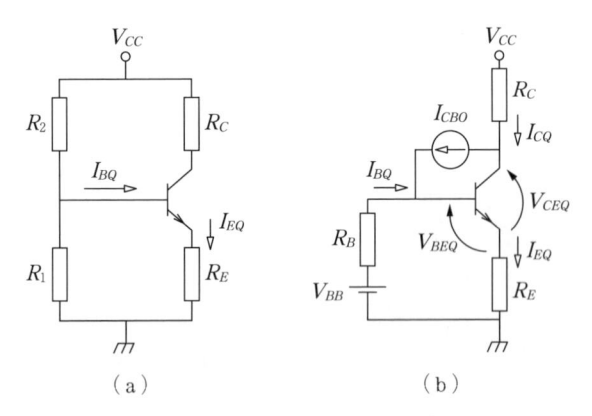

（a）　　　　　　　　　　（b）

図 4.21　電流帰還バイアス回路

ベース-エミッタループにキルヒホッフの電圧則を適用して

$$V_{BB} = I_{BQ} R_B + V_{BEQ} + I_{EQ} R_E \tag{4.15}$$

が得られる．また，式 (3.4)，(3.12) より

$$I_{EQ} = \frac{\beta + 1}{\beta} (I_{CQ} - I_{CBO}) \approx I_{CQ} - I_{CBO} \quad (\beta \gg 1) \tag{4.16}$$

となるから，式 (3.7)，(3.11) より次式が成り立つ．

$$I_{BQ} = \frac{I_{CQ}}{\beta} - \frac{\beta + 1}{\beta} I_{CBO} \approx \frac{I_{CQ}}{\beta} - I_{CBO} \quad (\beta \gg 1) \tag{4.17}$$

これらの式により，コレクタ電流 I_{CQ} は以下のように表される．

$$I_{CQ} = \frac{V_{BB} - V_{BEQ} + I_{CBO}(R_B + R_E)}{R_B/\beta + R_E} \tag{4.18}$$

よって，コレクタ電流 I_{CQ} は V_{BB} が大きいため V_{BEQ} の影響をあまり受けず，漏れ電流 I_{CBO} により I_{CQ} は増加する．また，$R_B/\beta \ll R_E$ の場合はより β に依存しなくなる．

4.3.3 自己（電圧帰還）バイアス回路

図 4.22（a）に**自己バイアス回路**（self bias circuit）を示す．図（b）の直流に対する等価回路において，キルヒホッフの定理を適用すると

$$V_{CC} = (I_{CQ} + I_{BQ})R_C + I_{BQ}R_F + V_{BEQ} \tag{4.19}$$

が成り立つ．漏れ電流 I_{CBO}，I_{CEO} を無視すると $I_{BQ} = I_{CQ}/\beta$ であるから，式 (4.19) は

$$V_{CC} = \left(I_{CQ} + \frac{I_{CQ}}{\beta}\right)R_C + \frac{I_{CQ}}{\beta}R_F + V_{BEQ} \tag{4.20}$$

と変形できる．よってコレクタ電流 I_{CQ} は

$$I_{CQ} = \frac{\beta(V_{CC} - V_{BEQ})}{R_F + (\beta + 1)R_C} \tag{4.21}$$

となる．式 (4.21) より I_{CQ} は，β に対する依存度は固定バイアス回路よりも低

(a)

(b)

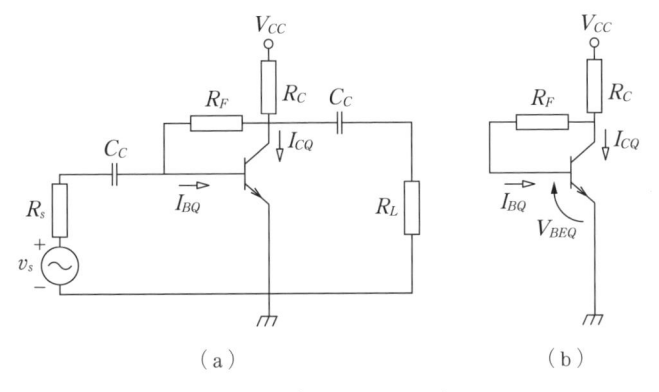

図 4.22 自己バイアス回路

く，また電流帰還バイアス回路よりも高い．

例題 4.6 図 4.21 に示す電流帰還バイアス回路において，安定指数 S_β, S_I, S_V を求めよ．

【解答】 動作点におけるコレクタ電流は式 (4.18) より

$$I_{CQ} = \frac{V_{BB} - V_{BEQ} + I_{CBO}(R_B + R_E)}{R_B/\beta + R_E}$$

で表される．

よって安定指数は

$$S_\beta = \frac{\partial I_{CQ}}{\partial \beta} = \frac{\partial}{\partial \beta}\left\{\frac{\beta[V_{BB} - V_{BEQ} + I_{CBO}(R_B + R_E)]}{R_B + \beta R_E}\right\}$$

$$= \frac{[V_{BB} - V_{BEQ} + I_{CBO}(R_B + R_E)](R_B + \beta R_E) - \beta[V_{BB} - V_{BEQ} + I_{CBO}(R_B + R_E)]R_E}{(R_B + \beta R_E)^2}$$

$$= \frac{R_B[V_{BB} - V_{BEQ} + I_{CBO}(R_B + R_E)]}{(R_B + \beta R_E)^2}$$

$$S_I = \frac{\partial I_{CQ}}{\partial I_{CBO}} = \frac{R_B + R_E}{R_B/\beta + R_E}$$

$$S_V = \frac{\partial I_{CQ}}{\partial V_{BEQ}} = \frac{\partial}{\partial V_{BEQ}}\left\{\frac{\beta[V_{BB} - V_{BEQ} + I_{CBO}(R_B + R_E)]}{R_B + \beta R_E}\right\} = \frac{-\beta}{R_B + \beta R_E}$$

と求められる． ☆

例題 4.7 図 4.21 に示す電流帰還バイアス回路において，トランジスタは漏れ電流が無視でき，$R_B/\beta \ll R_E$ が成り立つものとする．また，このデバイスの V_{BEQ} は標準的温度である 25℃ で 0.7 V から $-2\,\mathrm{mV}/℃$ で変化するとする．温度が 25℃ から 125℃ に上昇したとき，コレクタ電流 I_{CQ} の変化 ΔI_{CQ} を求めよ．

【解答】 この回路のコレクタ電流 I_{CQ} は式 (4.18) で表され，問題の条件により以下のように簡略化できる．

$$I_{CQ} = \frac{V_{BB} - V_{BEQ}}{R_E}$$

$T_1 = 25℃$, $T_2 = 125℃$ のときのコレクタ電流をそれぞれ I_{CQ1}, I_{CQ2} とすると，I_{CQ} の変化は以下となる．

$$\Delta I_{CQ} = I_{CQ2} - I_{CQ1} = \frac{V_{BB} - V_{BEQ2}}{R_E} - \frac{V_{BB} - V_{BEQ1}}{R_E}$$

$$= \frac{-V_{BEQ2} + V_{BEQ1}}{R_E} = \frac{-\{V_{BEQ1} - 2\times 10^{-3} \times (T_2 - T_1)\} + V_{BEQ1}}{R_E}$$

$$= \frac{2\times 10^{-3} \times (T_2 - T_1)}{R_E} = \frac{0.2[\mathrm{V}]}{R_E}$$

☆

4.4 非線形素子によるバイアス回路の安定化

コレクタ電流 I_{CQ} の温度による変化を軽減する方法に,非線形素子を用いる方法がある。これは,トランジスタの温度による特性変化と同等の特性変化を持つ非線形素子を回路に挿入することにより,コレクタ電流の変化を緩和するものである。図4.23(a)に,非線形素子としてダイオードを用い,バイアス回路を安定化させた回路例を示す。

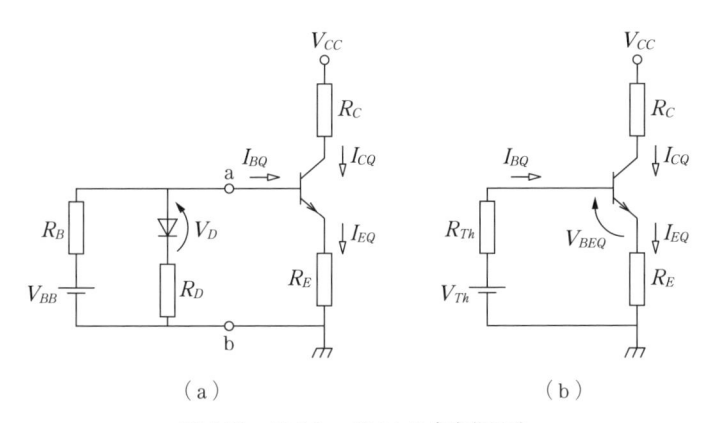

図4.23 ダイオードによる安定化回路

図(a)の回路の温度変化に対する安定性を確認する。まず,a-b端子より左側の回路をテブナン等価回路で置き換える。テブナン電圧 V_{Th},テブナン抵抗 R_{Th} は

$$V_{Th} = V_D + \frac{V_{BB} - V_D}{R_D + R_B} R_D = \frac{V_{BB} R_D + V_D R_B}{R_D + R_B} \tag{4.22}$$

$$R_{Th} = R_D // R_B = \frac{R_D R_B}{R_D + R_B} \approx R_D \quad (R_D \ll R_B) \tag{4.23}$$

となり，等価回路は図（b）となる．$I_{BQ} = I_{CQ}/\beta \approx I_{EQ}/\beta$ とすると，ベース-エミッタループにキルヒホッフの電圧則を適用して，次式が成り立つ．

$$I_{CQ} \approx I_{EQ} = \frac{V_{Th} - V_{BEQ}}{R_{Th}/\beta + R_E} = \frac{\dfrac{V_{BB} R_D + V_D R_B}{R_D + R_B} - V_{BEQ}}{R_D/\beta + R_E} \tag{4.24}$$

ここで，R_D/β が R_E に比べて小さく無視できる場合，温度によって変化するのはダイオードとトランジスタに関わる V_D と V_{BEQ} のみである．式 (4.24) を温度 T で偏微分すると，コレクタ電流 I_{CQ} の温度による変化率は

$$\frac{\partial I_{CQ}}{\partial T} \approx \frac{\dfrac{R_B}{R_D + R_B} \dfrac{\partial V_D}{\partial T} - \dfrac{\partial V_{BEQ}}{\partial T}}{R_E} \tag{4.25}$$

となる．また，温度変化 ΔT によるコレクタ電流の変化量は

$$\Delta I_{CQ} \approx \frac{\partial I_{CQ}}{\partial T} \Delta T$$

である．上記の結果より $R_D \ll R_B$, $\partial V_D/\partial T \approx \partial V_{BEQ}/\partial T$ であれば $\Delta I_{CQ} \approx 0$ となり，ダイオードにより I_{CQ} の温度変化が軽減されることがわかる．

例題 4.8 図 4.23 のダイオードにより安定化が図られたバイアス回路において，例題 4.7 と同様に，トランジスタの V_{BEQ} は 25℃ で 0.7 V から -2 mV/℃ で変化する．また V_D は V_{BEQ} とまったく同じように温度に対して変化するものとする．この回路において温度が 25℃ から 125℃ に上昇したとき，コレクタ電流 I_{CQ} の変化 ΔI_{CQ} を求めよ．

【解答】 図 4.23 の回路のコレクタ電流 I_{CQ} は式 (4.24) で表され，温度による I_{CQ} の変化率 $\partial I_{CQ}/\partial T$ は式 (4.25) で表される．この式において，$\partial V_D/\partial T \approx \partial V_{BEQ}/\partial T = -2 \times 10^{-3}$ だから式 (4.25) は

$$\frac{\partial I_{CQ}}{\partial T} \approx \frac{\dfrac{R_B-(R_D+R_B)}{R_D+R_B}(-2\times10^{-3})}{R_E}$$

$$= \frac{0.002R_D}{R_E(R_D+R_B)} \approx \frac{0.002}{R_E}\frac{R_D}{R_B} \quad (R_D \ll R_B)$$

となる。よって，温度が25℃から125℃に上昇したときの I_{CQ} の変化は次式となる。

$$\Delta I_{CQ} \approx \frac{\partial I_{CQ}}{\partial T}\Delta T = \frac{0.002}{R_E}\times\frac{R_D}{R_B}\times100 = \frac{0.2\text{[V]}}{R_E}\frac{R_D}{R_B}$$

ここで，$R_D \ll R_B$ であるから，コレクタ電流の変化 ΔI_{CQ} は例題4.7の場合に比べて非常に小さいことがわかる。 ☆

例題4.9 図4.24は，電流帰還バイアス回路の安定性を，非線形素子としてトランジスタを利用することにより，向上させる回路である。漏れ電流 $I_{CEO}\approx 0$，トランジスタの V_{BEQ} が25℃で0.7 Vから $-2\,\text{mV}/℃$ で変化するとき，① この回路のコレクタ電流 I_{CQ} を求めよ。② 温度が25℃から125℃に上昇したときのコレクタ電流 I_{CQ} の変化 ΔI_{CQ} を求めよ。

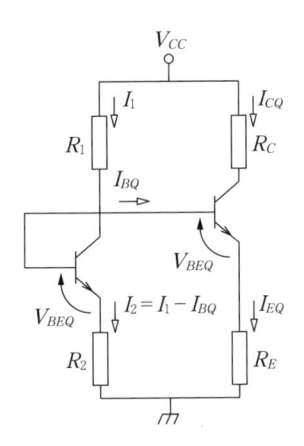

図4.24 例題4.9

【解答】 ① 回路の電流，電圧について次式が成り立つ。

$$I_{EQ}=I_{BQ}+I_{CQ}, \quad I_{CQ}=\beta I_{BQ}$$
$$V_{CC}=R_1I_1+V_{BEQ}+R_2I_2=R_1I_1+V_{BEQ}+R_2(I_1-I_{BQ})=R_1I_1+V_{BEQ}+R_EI_{EQ}$$

これらの式から I_{BQ}，I_{EQ}，I_1 を消去して I_{CQ} を求めると，以下のようになる。

$$I_{CQ} = \frac{V_{CC} - V_{BEQ}}{\dfrac{R_1}{\beta} + \dfrac{R_E(R_1+R_2)}{R_2}\left(1+\dfrac{1}{\beta}\right)} \approx \frac{R_2(V_{CC}-V_{BEQ})}{R_E(R_1+R_2)}$$

$$(\beta \gg 1, \quad \beta R_E(R_1+R_2) \gg R_1 R_2)$$

② 温度による I_{CQ} の変化率は，以下のようになる。

$$\frac{\partial I_{CQ}}{\partial T} = -\frac{R_2 \dfrac{\partial V_{BEQ}}{\partial T}}{R_E(R_1+R_2)}$$

$\partial V_{BEQ}/\partial T = -2 \times 10^{-3}$ であるから上式は

$$\frac{\partial I_{CQ}}{\partial T} = \frac{R_2 \times 2 \times 10^{-3}}{R_E(R_1+R_2)} = \frac{0.002 R_2}{R_E(R_1+R_2)}$$

となる。よって，ΔI_{CQ} は以下のようになる。

$$\Delta I_{CQ} = \frac{\partial I_{CQ}}{\partial T}\Delta T = \frac{0.002 R_2 \times 100}{R_E(R_1+R_2)} = \frac{0.2\,[\mathrm{V}]}{R_E}\frac{R_2}{R_1+R_2}$$

この結果を例題 4.7 の結果と比較すると ΔI_{CQ} が小さくなっており，ダイオードを用いた図 4.23 の回路と同様の効果をもつことがわかる。 ☆

4.5 電界効果トランジスタのバイアス回路

JFET において一般的に用いられる自己バイアス回路による増幅回路を図 4.25（a）に示す。テブナンの定理を用いると，テブナン電圧 V_{GG} とテブナン

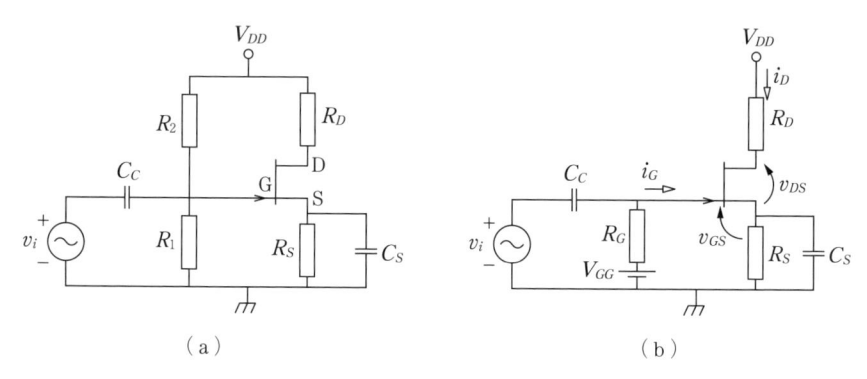

図 4.25 JFET 増幅回路

抵抗 R_G は以下のように表され，等価回路は図（b）のように書き表される．

$$V_{GG} = \frac{R_1}{R_1 + R_2} V_{DD}, \quad R_G = \frac{R_1 R_2}{R_1 + R_2} \tag{4.26}$$

JFET では，ゲート電流はほぼ 0 となるため $i_G = 0$ として，ゲート-ソースループにキルヒホッフの電圧則を適用すると

$$V_{GG} = v_{GS} + R_S i_D$$

が成り立ち，上式を変形することにより式 (4.27) が得られる．

$$i_D = -\frac{v_{GS}}{R_S} + \frac{V_{GG}}{R_S} \tag{4.27}$$

この式は**伝達バイアス線**（transfer bias line）を表す式であり，式 (4.27) と式 (3.19)，もしくは式 (4.27) と伝達特性のグラフから動作点 Q の I_{DQ}, V_{GSQ} が求めることができる．また，ドレーン-ソースループにキルヒホッフの電圧則を用いると

$$V_{DD} = i_D R_D + v_{DS} + i_D R_S$$

が成り立ち，上式を変形して以下の関係式が得られる．

$$i_D = -\frac{v_{DS}}{R_S + R_D} + \frac{V_{DD}}{R_S + R_D} \tag{4.28}$$

ここで，式 (4.28) は直流負荷線を表す式であり，**図 4.26** に示すように，

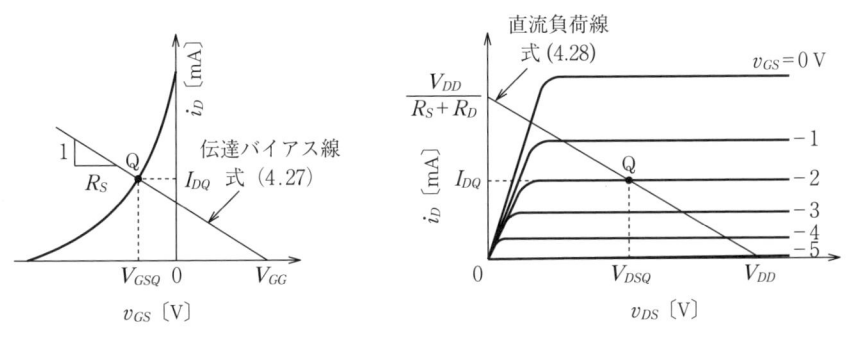

図 4.26 伝達バイアス線と直流負荷線

V_{DSQ} が求められる。

JFET のバイアス回路においても,バイアス条件の変化を防ぐためにカップリングキャパシタを用いる。

さらに,図 4.25(a)に示すようなソース抵抗 R_S は交流信号に対する利得低下の原因となるため,バイパスキャパシタ C_S を R_S に並列に接続し,この影響を軽減する。

例題 4.10 図 4.27(a)の回路において Q 点を $I_{DQ}=3\,\mathrm{mA}$ にしたい。このとき R_S をいくらにすればよいか。ただし,$V_{DD}=20\,\mathrm{V}$,$R_1=500\,\mathrm{k\Omega}$,$R_2=1.5\,\mathrm{M\Omega}$,$R_D=3\,\mathrm{k\Omega}$,JFET の伝達特性を図(b)とする。

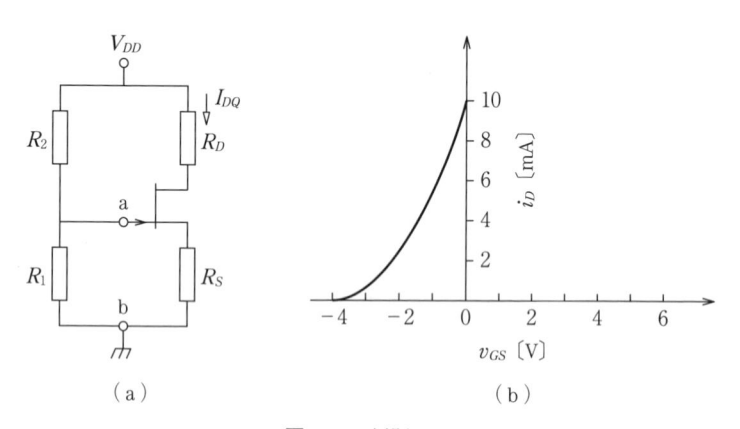

図 4.27 例題 4.10

【解答】 a-b 端子より左側をテブナンの定理を用いて書き直す。図 4.28(a),(b)よりテブナン電圧 V_{GG},テブナン抵抗 R_G は

$$V_{GG} = \frac{R_1}{R_1+R_2} V_{DD}$$

$$R_G = \frac{R_1 R_2}{R_1+R_2}$$

である。よってテブナンの等価回路は図(c)となる。この回路において伝達バイアス線は

$$i_D = -\frac{v_{GS}}{R_S} + \frac{V_{GG}}{R_S}$$

で表される。

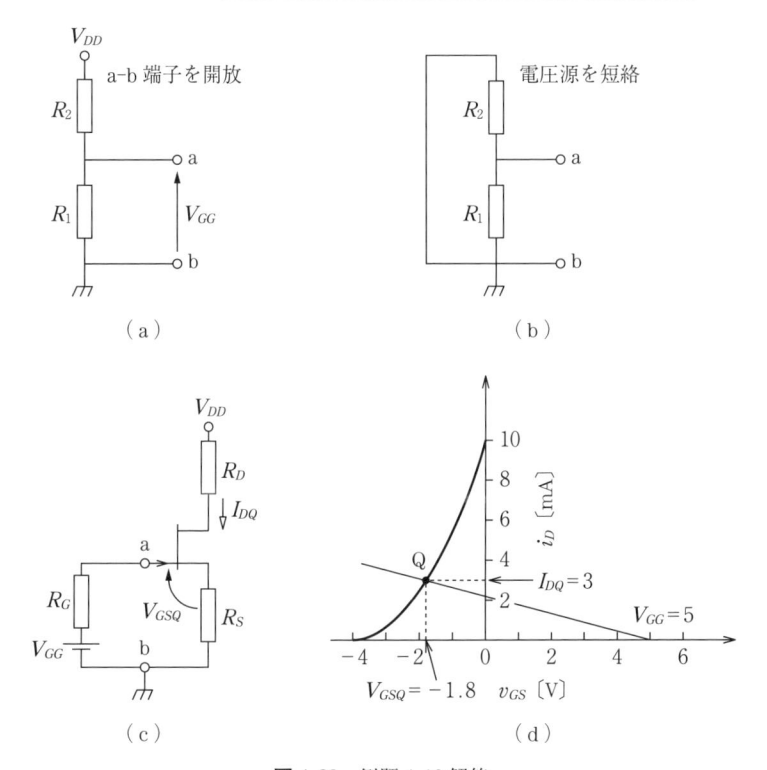

4.5 電界効果トランジスタのバイアス回路

(a) a-b 端子を開放

(b) 電圧源を短絡

(c)

(d)

図 4.28 例題 4.10 解答

$$V_{GG} = \frac{500 \times 10^3}{500 \times 10^3 + 1.5 \times 10^6} \times 20 = 5 \text{ V}$$

であるから，Q 点を通る伝達バイアス線を描くと図 (d) となる．図 (d) より $V_{GSQ} = -1.8$ V と読める．

よって図 (c) より

$$V_{GG} = V_{GSQ} + R_S I_{DQ}$$

が成り立つから，R_S は以下のように定められる．

$$R_S = \frac{V_{GG} - V_{GSQ}}{I_{DQ}} = \frac{5 - (-1.8)}{3 \times 10^{-3}} = 2.27 \text{ k}\Omega \qquad ☆$$

例題 4.11 図 4.25 (a) の増幅回路において，$V_{DD} = 20$ V，$R_1 = 1$ MΩ，$R_2 = 15.7$ MΩ，$R_D = 3$ kΩ，$R_S = 2$ kΩ とする．JFET の特性を**図 4.29** とするとき，① I_{DQ}，② V_{GSQ}，③ V_{DSQ} を求めよ．

114   4. トランジスタのバイアス回路

(a)

(b)

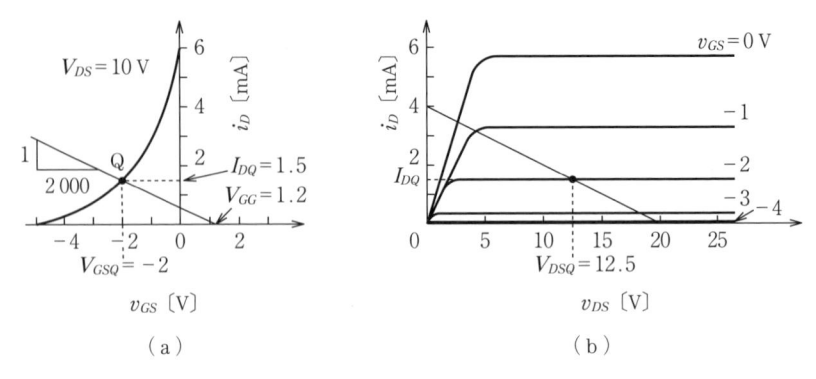

図 4.29 例題 4.11

【解答】 ① 式 (4.26) より，V_{GG} は以下のように求められる。

$$V_{GG} = \frac{R_1}{R_1 + R_2} V_{DD} = \frac{1 \times 10^6}{16.7 \times 10^6} \times 20 = 1.2 \text{ V}$$

図 4.29（a）に $V_{GG} = 1.2$ V の点を通るような，式 (4.27) による伝達バイアス線を描き，この直線と伝達特性が交わる点が動作点 Q となる。したがって，$I_{DQ} = 1.5$ mA が求められる。

② Q 点での v_{GS} の電圧が V_{GSQ} であるから，図（a）より $V_{GSQ} = -2$ V と求められる。

③ 出力特性上に式 (4.28) により直流負荷線を描く。直流負荷線は，図（b）において縦軸と $V_{DD}/(R_S + R_D) = 4$ mA，横軸と $V_{DD} = 20$ V で交わる直線となる。$I_{DQ} = 1.5$ mA，$V_{GSQ} = -2$ V であるから，動作点 Q は図（b）のようになり，この点での v_{DS} を読んで $V_{DSQ} = 12.5$ V と求められる。

また，解析的に V_{DSQ} を求めると，ドレーン-ソースループにキルヒホッフの電圧則を適用し

$$V_{DSQ} = V_{DD} - (R_D + R_S) I_{DQ} = 20 - (5 \times 10^3) \times (1.5 \times 10^{-3}) = 12.5 \text{ V}$$

となり，グラフにより求めた値と一致する。   ☆

例題 4.12 図 4.25（a）の増幅回路において，$V_{DD} = 20$ V，$R_1 = 1$ MΩ，$R_2 = 15.7$ MΩ，$R_D = 3$ kΩ，$R_S = 2$ kΩ，$v_i = \sin(\omega t)$ 〔V〕，$C_S = \infty$ とする。JFET の特性を図 4.30 とするとき，ドレーン-ソース間電圧の交流成分 v_{ds}，ドレーン電流の交流成分 i_d を求めよ。

【解答】 交流信号に対して C_S は短絡とみなせるので，ドレーン-ソースループにおいて $v_{ds} = -R_D i_d$ が成り立つ。

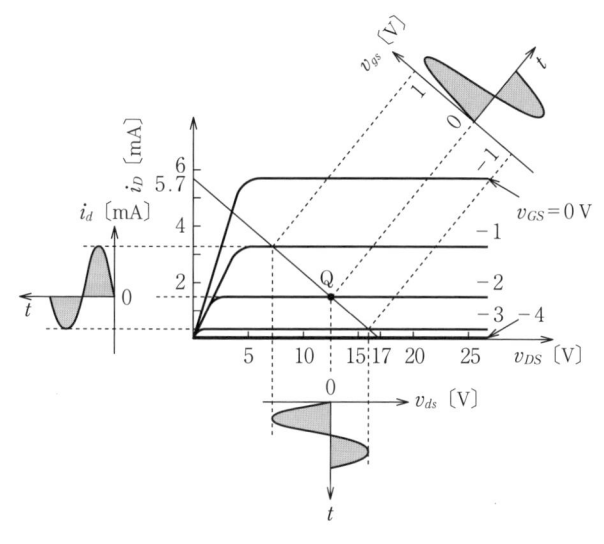

4.5 電界効果トランジスタのバイアス回路　115

図4.30　例題4.12

$i_d = i_D - I_{DQ}$, $v_{ds} = v_{DS} - V_{DSQ}$ であるから，交流負荷線は

$$i_D = -\frac{v_{DS}}{R_D} + \frac{V_{DSQ}}{R_D} + I_{DQ}$$

で表される。例題4.11より，$V_{DSQ} = 12.5\,\text{V}$，$I_{DQ} = 1.5\,\text{mA}$ であるから，図4.30の出力特性に

縦軸　$\dfrac{V_{DSQ}}{R_D} + I_{DQ} = 5.7\,\text{mA}$

横軸　$V_{DSQ} + I_{DQ}R_D = 17\,\text{V}$

で交わる負荷線を描く。つぎに，交流負荷線に沿って v_{gs} を動作点を中心に振幅1 V で正弦波を描き，その v_{gs} に対応する v_{ds}，i_d を描くと図4.30のようになる。　☆

MOSFETにおける一般的なバイアス手法である自己バイアス回路による増幅回路を**図4.31**に示す。MOSFETの伝達特性はJFETと異なるが，Q点におけるゲート-ソース間電圧 V_{GSQ} を定めるために伝達バイアス線を用いて，JFETと同様に行える。エンハンスメント型，ディプレション型のMOSFETにおいても，同様の手法でQ点での電圧，電流を定めることができる。

4. トランジスタのバイアス回路

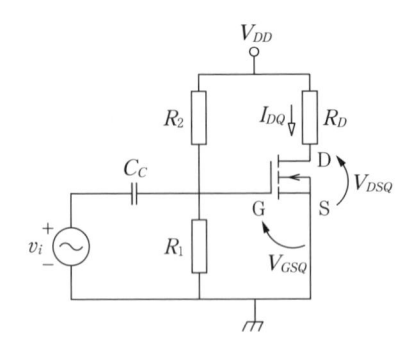

図 4.31 MOSFET 増幅回路

例題 4.13 図 4.31 の増幅回路において，$R_1 = 150\,\mathrm{k\Omega}$, $R_2 = 850\,\mathrm{k\Omega}$, $R_D = 3\,\mathrm{k\Omega}$, $V_{DD} = 10\,\mathrm{V}$ としたとき，V_{GSQ}, I_{DQ}, V_{DSQ} を求めよ．ただし，MOSFET の伝達特性を**図 4.32** とする．

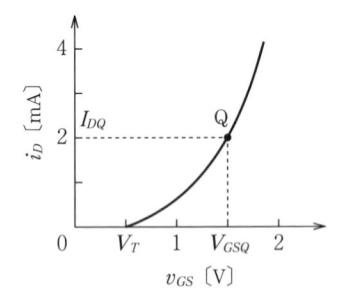

図 4.32 例題 4.13

【解答】 テブナンの定理より回路は以下のテブナン電圧 V_{GG} とテブナン抵抗 R_G を用いて**図 4.33** のように書き直せる．

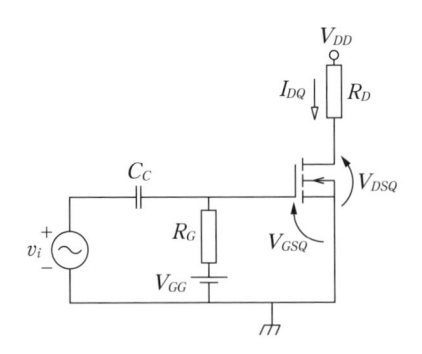

図 4.33 例題 4.13 解答

$$V_{GG} = \frac{R_1}{R_1 + R_2} V_{DD}, \quad R_G = \frac{R_1 R_2}{R_1 + R_2}$$

ゲートにはほとんど電流は流れないから，V_{GSQ} は以下のように求められる．

$$V_{GSQ} = V_{GG} = \frac{R_1}{R_1 + R_2} V_{DD} = \frac{150 \times 10^3}{150 \times 10^3 + 850 \times 10^3} \times 10 = 1.5 \text{ V}$$

図 4.32 より $V_{GSQ} = 1.5$ V にて Q 点を定め，i_D を読み取ることにより $I_{DQ} = 2$ mA とわかる．V_{DSQ} はドレーン-ソースループにおいて，$V_{DD} = I_{DQ} R_D + V_{DSQ}$ より

$$V_{DSQ} = V_{DD} - I_{DQ} R_D = 10 - 2 \times 10^{-3} \times 3 \times 10^3 = 4 \text{ V}$$

となる． ☆

演 習 問 題

[4.1] 図 4.4 のバイアス回路において，トランジスタは $I_{CBO}=0$ で，$V_{BEQ}=0.7$ V，$\beta = 99$ である．$V_{CC}=15$ V，$V_{BB}=5$ V，$R_E=1$ kΩ としたとき，つぎの問いに答えよ．
① ベース電流 $I_{BQ}=20$ μA のときの I_{CQ}，I_{EQ} および R_B を求めよ．
② $R_C=2$ kΩ のときのコレクタ-エミッタ間電圧 V_{CEQ} を求めよ．

[4.2] 図 4.20 の固定バイアス回路においてトランジスタは $I_{CBO}=0$，$V_{BEQ}=0.7$ V，$\beta=100$ である．$V_{CC}=15$ V，$R_C=4$ kΩ としたとき，つぎの問いに答えよ．
① $V_{CEQ}=5$ V となるように I_{CQ} を求めよ．
② このときの R_B はいくらか求めよ．

[4.3] 図 4.34 に示すトランジスタのバイアス回路において，$I_{CEO}=0$ として以下の問いに答えよ．

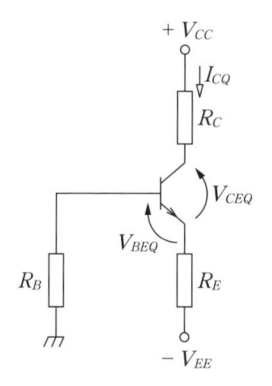

図 4.34 [4.3]

① I_{CQ} と V_{CEQ} を求めよ．ただし，電流増幅率は β，ベース-エミッタ間電圧は $V_{BEQ} = 0.7\,\mathrm{V}$ とする．

② $V_{CC} = 18\,\mathrm{V}$，$V_{EE} = 4\,\mathrm{V}$，$R_C = 6\,\mathrm{k\Omega}$，$R_E = 2\,\mathrm{k\Omega}$，$R_B = 20\,\mathrm{k\Omega}$ としたとき，$\beta = 50$，または $\beta = 100$ の場合の I_{CQ} と V_{CEQ} をそれぞれ求めて比較せよ．ただし，$V_{BEQ} = 0.7\,\mathrm{V}$ とする．

[4.4] 図 4.35 のベース接地回路において $\alpha = 0.99$，$I_{CEO} = 0$ とする．$V_{EE} = 4\,\mathrm{V}$，$V_{CC} = 12\,\mathrm{V}$，$I_{EQ} = 1.1\,\mathrm{mA}$，$V_{CEQ} = -7\,\mathrm{V}$，$V_{BEQ} = -0.7\,\mathrm{V}$ のとき，R_E と R_C を求めよ．

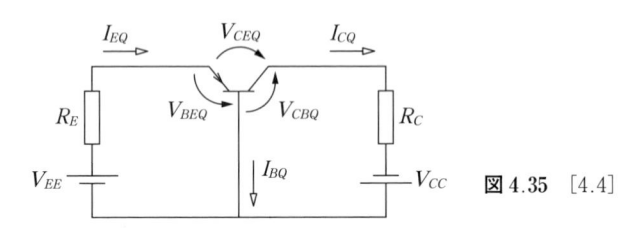

図 4.35 [4.4]

[4.5] 図 4.22 の自己バイアス回路において，$I_{CEO} = 0$，$\beta = 100$，$V_{BEQ} = 0.7\,\mathrm{V}$，$R_C = 2\,\mathrm{k\Omega}$，$V_{CC} = 12\,\mathrm{V}$ とする．$V_{CEQ} = V_{CC}/2$ に定めるためには R_F をいくらにすればよいか求めよ．

[4.6] 図 4.21 の電流帰還バイアス回路のコレクタ電流 I_{CQ} は以下の式で表される．

$$I_{CQ} = \frac{\beta(V_{BB} - V_{BEQ}) + (\beta+1)(R_B + R_E)I_{CBO}}{R_B + (\beta+1)R_E}$$

このとき，以下の問いに答えよ．

① β は非常に大きく $\beta+1 \approx \beta$ と近似できるとして，β の変化に対する安定指数 S_β，I_{CBO} の変化に対する安定指数 S_I，V_{BEQ} の変化に対する安定指数 S_V をそれぞれ求めよ．

② 図 4.21（b）の回路定数を $V_{CC} = 15\,\mathrm{V}$，$V_{BB} = 8\,\mathrm{V}$，$R_B = 50\,\mathrm{k\Omega}$，$R_E = 500\,\Omega$ とし，初期状態（25℃）では $\beta = 100$，$I_{CBO} = 0.5\,\mathrm{\mu A}$，$V_{BEQ} = 0.7\,\mathrm{V}$ であった．いま，温度が初期状態から 20℃ 上昇したときの β，I_{CBO}，V_{BEQ} の変化量をそれぞれ $\Delta\beta = 10$，$\Delta I_{CBO} = 2\,\mathrm{\mu A}$，$\Delta V_{BEQ} = -60\,\mathrm{mV}$ としたとき，温度上昇によるコレクタ電流の全変化分 ΔI_{CQ} を初期状態の安定指数 S_β，S_I，S_V を用いて求めよ．

[4.7] 図 4.21 の電流帰還バイアス回路において $V_{CC} = 15\,\mathrm{V}$，$V_{BB} = 8\,\mathrm{V}$，$R_B = 50\,\mathrm{k\Omega}$，$R_E = 500\,\Omega$ とする．この回路において，β は 1%/℃，I_{CBO} は 2 倍/10℃，V_{BEQ} は $-2\,\mathrm{mV}/℃$ で変化する．いま，初期状態（25℃）では $\beta = 100$，$I_{CBO} = 0.5\,\mathrm{\mu A}$，$V_{BEQ} = 0.7\,\mathrm{V}$ であり，この状態から温度が 20℃ 上昇したとき，以下の問いに

答えよ.
① 初期状態での安定指数 S_β, S_V, S_I を用いて,コレクタ電流の全変化分 ΔI_{CQ} を求めよ.
② ΔI_{CQ} に占める β の変化の割合と I_{CBO} の変化の割合はそれぞれ何%か求めよ.

[4.8] 図 4.20 の固定バイアス回路において,$V_{CC}=15$ V,$R_B=500$ kΩ,$R_C=5$ kΩ とする.$I_{CBO}=0$,$V_{BEQ}=0.7$ V とするとき,安定指数 S_β を求めよ.また,β が 50 から 100 に変化したときのコレクタ電流 I_{CQ} の変化量 ΔI_{CQ} を求めよ.

[4.9] 図 4.36 のベース接地回路において以下の問いに答えよ.

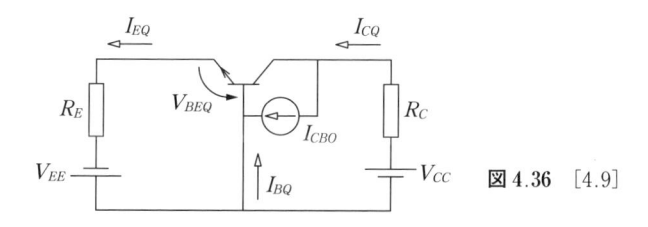

図 4.36 [4.9]

① I_{CQ} を β と I_{CBO},V_{BEQ} を用いて表せ.
② β の変化に対する安定指数 S_β,I_{CBO} の変化に対する安定指数 S_I,V_{BEQ} の変化に対する安定指数 S_V をそれぞれ求めよ.

[4.10] 図 4.37 の回路において二つのトランジスタ特性は等しく,$\beta=99$,$V_{BEQ}=0.7$ V,$I_{CBO}=0$ である.ここで図のトランジスタ接続を**ダーリントン接続**と呼び,破線内を一つのトランジスタとみなすと電流増幅率が非常に大きくなる特徴を持つ.いま,電源電圧 $V_{CC}=12$ V,$R_E=100$ Ω としてつぎの問いに答えよ.
① トランジスタ Tr_2 のコレクタ-エミッタ間電圧が $V_{CEQ2}=6.7$ V となるとき,Tr_2 のエミッタ電流 I_{EQ2} とベース電流 I_{BQ2} を求めよ.

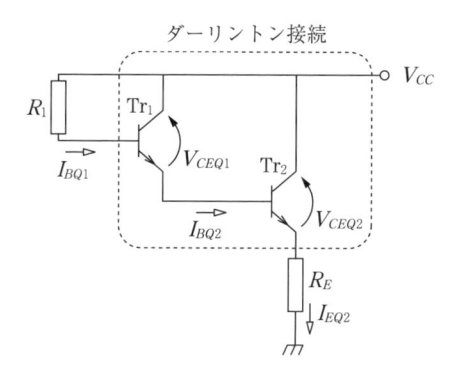

図 4.37 [4.10]

② このときの Tr_1 のコレクタ-エミッタ間電圧 V_{CEQ1}, ベース電流 I_{BQ1} を求めよ。

③ 上の条件を満たすには抵抗 R_1 はいくらになるか求めよ。

[4.11] 二つの特性が等しいトランジスタ ($\beta=99$, $I_{CBO}=0$, $V_{BEQ}=0.7\,\text{V}$) を用いた図 4.38 の回路 (**差動増幅回路**という) において, $V_{CC}=V_{EE}=15\,\text{V}$, $R_B=10\,\text{k}\Omega$, $R_C=10\,\text{k}\Omega$, $R_E=5\,\text{k}\Omega$ とする。このときのベース電流 I_{BQ}, エミッタ電流 I_{EQ} を求めよ。

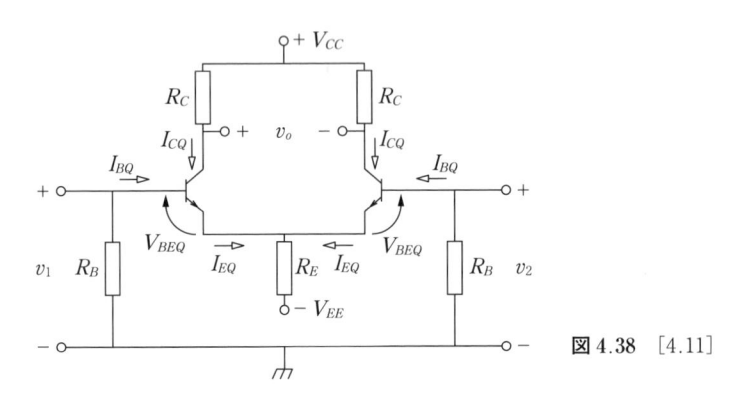

図 4.38 [4.11]

[4.12] 図 4.39 の JFET 増幅回路において, $V_{DD}=-20\,\text{V}$, $I_{DSS}=-10\,\text{mA}$, $I_{DQ}=-8$ mA, $V_{p0}=-4\,\text{V}$, $R_D=1.5\,\text{k}\Omega$ とする。ゲート-ソース間電圧 V_{GSQ} が式 (3.19) で与えられるとき, V_{GG} と V_{DSQ} を求めよ。

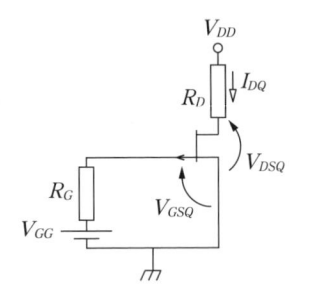

図 4.39 [4.12]

[4.13] 図 4.31 の MOSFET 増幅回路において, $V_T=4\,\text{V}$, $I_{Don}=10\,\text{mA}$, $V_{DD}=15\,\text{V}$, $R_1=50\,\text{k}\Omega$, $R_2=0.4\,\text{M}\Omega$, $R_D=2\,\text{k}\Omega$ とする。ドレーン電流 I_{DQ} が式 (3.20) で与えられるとき, V_{GSQ}, I_{DQ}, V_{DSQ} を求めよ。

5

四端子回路網の
パラメータ解析

3章と4章に述べたように,トランジスタは,非線形的な特性を持ち,トランジスタを含む回路を解析するには,トランジスタ特性上に直流・交流負荷線を利用するグラフ解析方法がある。しかし,グラフ解析は,グラフ上の作業となり,普遍性に乏しく手間がかかる問題がある。

そこで,トランジスタ回路に流れる信号(電圧または電流の交流部分)が十分小さく,電圧また電流は直流動作点の付近でわずかに変動する場合には,動作点付近の微小範囲内でのトランジスタ特性が線形的として扱える。したがって,非線形素子であったトランジスタをこの交流小振幅信号に対し,いくつかの線形素子の組合せに置き換えることができ,トランジスタ増幅回路を線形素子からなる等価回路によって解析することができる。つまり,本来一つ一つのトランジスタ特性グラフ上で行う作業は,その特性パラメータをいくつかの線形回路素子により表すことで,一般的な回路解析法により解析できると理解してよい。

本章では,トランジスタ回路解析の準備として,一般的な**線形回路網** (linear network) の特性と解析方法を紹介する。ここで,線形回路とは,線形素子(抵抗器,キャパシタ,インダクタ,定係数の一次制御電源など)より構成され,回路中の各電圧電流の関係は一次線形関数により表現できるものである。

5.1 四端子(2ポート)回路網のパラメータ表現

1.5節のテブナンの定理で紹介したように,**ポート**とは,一つの回路システムの中にある回路網と別の回路網をつなぐ端子対のことである。**図5.1**に一般的なシステムブロック図を例示する。ここで回路網Aと回路網Dはそれぞれ

ポート

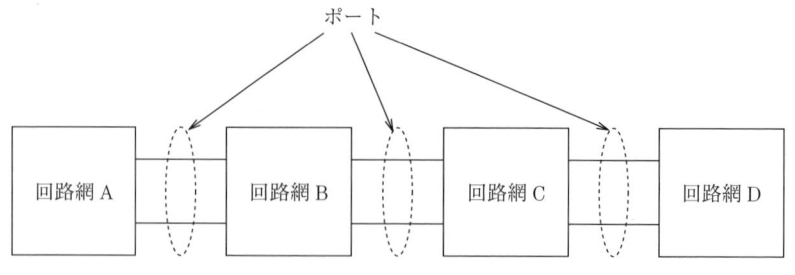

回路網 A — 回路網 B — 回路網 C — 回路網 D

図 5.1　回路網システムブロック図

信号の流れの始点と終点であり，1 ポートでほかの回路網とつながっている一方，回路網 B と回路網 C はそれぞれ入力側と出力側があり，2 ポート回路網となっている。一応用例として，回路網 A はマイクロホン，回路網 B はフィルタ，回路網 C は増幅器，回路網 D はスピーカと理解してよい。

本節では，2 ポート線形回路網の解析方法として，パラメータ等価回路を紹介する。その前に，解析対象の 2 ポート回路網の入力側と出力側の扱いについて，以下のことを原則とする。

◆入力側には，前段回路網をテブナンの定理によって，一つの電圧源（信号源）と一つのインピーダンス（信号源の出力インピーダンス）の直列回路として扱う。

◆出力側には，後段回路網を負荷インピーダンス（後段回路網の入力インピーダンス）として扱う。

なお，信号の流れからわかるように

◆ポート（端子対）となる二つの端子において，片方から流出する電流ともう片方に流入する電流は等しい。

これらのことを表現した回路網を **図 5.2** に示す。図のように，2 ポート回路網の入出力特性は，入力電流 I_1，入力電圧 V_1，出力電流 I_2，出力電圧 V_2 の計四つの変数により記述される。ここで，電圧電流の極性の定義に注意する必要がある。特に

◆電流は，入出力とも電圧の＋端子から回路網に流入する方向で定義される。

ここで，この四つの変数のうち，二つだけが独立変数である。すなわち，回

5.1 四端子（2ポート）回路網のパラメータ表現

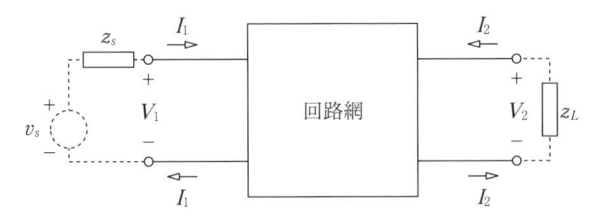

図 5.2 2ポート回路網の概略

路網の中身が一定であれば，四つの変数（I_1, V_1, I_2, V_2）中の任意の二つの変数は，残りの二つの変数より導くことができる．なお，線形回路の場合，これらの関係式も線形的となる．

$$\begin{cases} P_1 = a_{11}P_3 + a_{12}P_4 \\ P_2 = a_{21}P_3 + a_{22}P_4 \end{cases} \tag{5.1}$$

ここで，$P_1 \sim P_4$ は回路網の入出力電圧電流である四つの変数であり，$a_{11} \sim a_{22}$ はその回路の中身を表現するパラメータである．

独立変数の組合せは6種類となるが，ここで，回路解析におもに用いられている z パラメータ，y パラメータ，F パラメータ，h パラメータの4種類を説明する．

5.1.1 z パラメータ

式 (5.2) に示すように，二つの電流（I_1, I_2）を独立変数として，二つの電圧（V_1, V_2）をこれらにより表す．回路パラメータの単位はインピーダンス単位〔Ω〕となるため，z **パラメータ（インピーダンス パラメータ）**（impedance parameter）と呼ぶ．

$$\begin{cases} V_1 = z_{11}I_1 + z_{12}I_2 \\ V_2 = z_{21}I_1 + z_{22}I_2 \end{cases} \tag{5.2}$$

この関係式からわかるように，$I_2 = 0$ の場合，$V_1 = z_{11}I_1$ となるため，ほかの z パラメータも同様に，以下の条件付きの式で定義できる．

$$z_{11} = \left.\frac{V_1}{I_1}\right|_{I_2=0}, \quad z_{12} = \left.\frac{V_1}{I_2}\right|_{I_1=0}, \quad z_{21} = \left.\frac{V_2}{I_1}\right|_{I_2=0}, \quad z_{22} = \left.\frac{V_2}{I_2}\right|_{I_1=0} \quad (5.3)$$

ここで，$I_1=0$ と $I_2=0$ の条件は，回路上で言い換えれば，それぞれ入力端開放と出力端開放のことである。

例題 5.1　図 5.3 に示す四端子回路の z パラメータを求めよ。

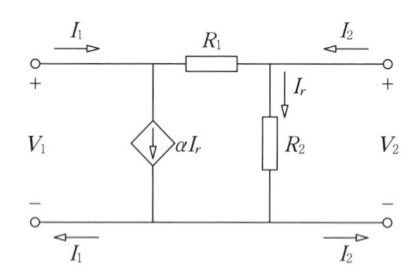

図 5.3　例題 5.1

【解答】　z パラメータの定義式 (5.3) より，z_{11} と z_{21} を求めるために，出力端を開放させた場合（$I_2=0$）の V_1-I_1 および V_2-I_1 の関係式を導くことが必要である。よって，問題の回路を図 5.4 に変形させ，I_1 を変数として V_1 と V_2 を表現すればよい。

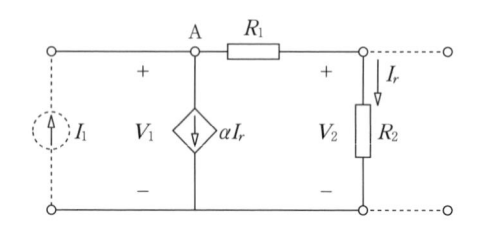

図 5.4　例題 5.1 解答
　　　　（出力端開放）

点 A において KCL により

$$I_1 = \alpha I_r + I_r \Rightarrow I_r = \frac{1}{1+\alpha} I_1 \tag{5.4}$$

が得られる。よって

$$\begin{cases} V_1 = (R_1 + R_2) I_r = \dfrac{R_1 + R_2}{1+\alpha} I_1 \Rightarrow z_{11} = \left.\dfrac{V_1}{I_1}\right|_{I_2=0} = \dfrac{R_1 + R_2}{1+\alpha} \\ V_2 = R_2 I_r = \dfrac{R_2}{1+\alpha} I_1 \Rightarrow z_{21} = \left.\dfrac{V_2}{I_1}\right|_{I_2=0} = \dfrac{R_2}{1+\alpha} \end{cases} \tag{5.5}$$

5.1 四端子（2ポート）回路網のパラメータ表現

と求められる。

同様に，z_{12} と z_{22} を求めるため，入力端を開放させ（$I_1 = 0$），I_2 を変数とする変形回路を**図5.5**に示す。

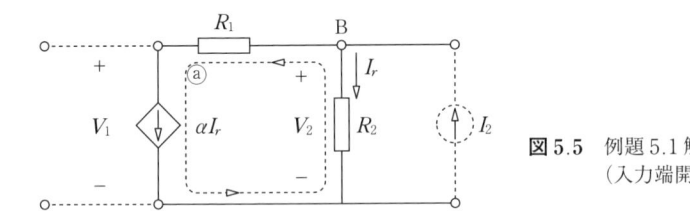

図5.5 例題5.1解答（入力端開放）

点Bにおいて KCL より

$$I_2 = \alpha I_r + I_r \Rightarrow I_r = \frac{1}{1+\alpha} I_2 \tag{5.6}$$

が得られる。よって

$$V_2 = R_2 I_r = \frac{R_2}{1+\alpha} I_2 \Rightarrow z_{22} = \left.\frac{V_2}{I_2}\right|_{I_1=0} = \frac{R_2}{1+\alpha} \tag{5.7}$$

また，ループⓐにおいて KVL より次式となる。

$$V_1 = V_2 - R_1 \alpha I_r = \frac{R_2 - \alpha R_1}{1+\alpha} I_2 \Rightarrow z_{12} = \left.\frac{V_1}{I_2}\right|_{I_1=0} = \frac{R_2 - \alpha R_1}{1+\alpha} \tag{5.8} ☆$$

図5.6に例示するように複数の回路網が直列接続された場合には，z パラメータを使うと便利である。

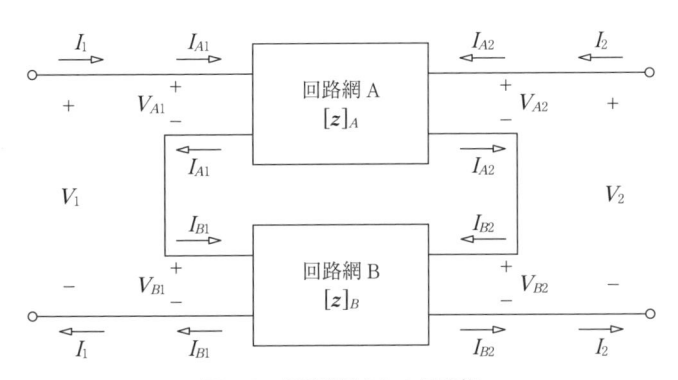

図5.6 直列接続された回路網

図の接続において

$$V_1 = V_{A1} + V_{B1}, \quad V_2 = V_{A2} + V_{B2}, \quad I_1 = I_{A1} = I_{B1}, \quad I_2 = I_{A2} = I_{B2} \tag{5.9}$$

の関係があるので，回路全体の z パラメータは次式のように導かれる。

$$\begin{pmatrix} V_1 \\ V_2 \end{pmatrix} = \begin{pmatrix} V_{A1} \\ V_{A2} \end{pmatrix} + \begin{pmatrix} V_{B1} \\ V_{B2} \end{pmatrix} = \begin{pmatrix} z_{A11} & z_{A12} \\ z_{A21} & z_{A22} \end{pmatrix} \begin{pmatrix} I_{A1} \\ I_{A2} \end{pmatrix} + \begin{pmatrix} z_{B11} & z_{B12} \\ z_{B21} & z_{B22} \end{pmatrix} \begin{pmatrix} I_{B1} \\ I_{B2} \end{pmatrix}$$

$$= \left\{ \begin{pmatrix} z_{A11} & z_{A12} \\ z_{A21} & z_{A22} \end{pmatrix} + \begin{pmatrix} z_{B11} & z_{B12} \\ z_{B21} & z_{B22} \end{pmatrix} \right\} \begin{pmatrix} I_1 \\ I_2 \end{pmatrix} = \begin{pmatrix} z_{11} & z_{12} \\ z_{21} & z_{22} \end{pmatrix} \begin{pmatrix} I_1 \\ I_2 \end{pmatrix} \tag{5.10}$$

よって

$$\begin{pmatrix} z_{11} & z_{12} \\ z_{21} & z_{22} \end{pmatrix} = \begin{pmatrix} z_{A11} + z_{B11} & z_{A12} + z_{B12} \\ z_{A21} + z_{B21} & z_{A22} + z_{B22} \end{pmatrix} \tag{5.11}$$

となる。これを行列記号で次式のように簡単に表すこともできる。

$$[z] = [z]_A + [z]_B \tag{5.12}$$

5.1.2 y パラメータ

式 (5.13) に示すように，z パラメータと反対に，二つの電圧 (V_1, V_2) を独立変数として，二つの電流 (I_1, I_2) をこれらにより表す。ここで，回路パラメータの単位はアドミタンス単位 (S：ジーメンス) となるため，**y パラメータ (アドミタンス パラメータ)** (admittance parameter) と呼ぶ。

$$\begin{cases} I_1 = y_{11} V_1 + y_{12} V_2 \\ I_2 = y_{21} V_1 + y_{22} V_2 \end{cases} \tag{5.13}$$

複数の回路網が並列で接続された場合に，y パラメータを使うと便利である。

図 5.7 に例示した二つの回路網が並列接続された回路全体の y パラメータは次式のようになる。

$$[y] = [y]_A + [y]_B \tag{5.14}$$

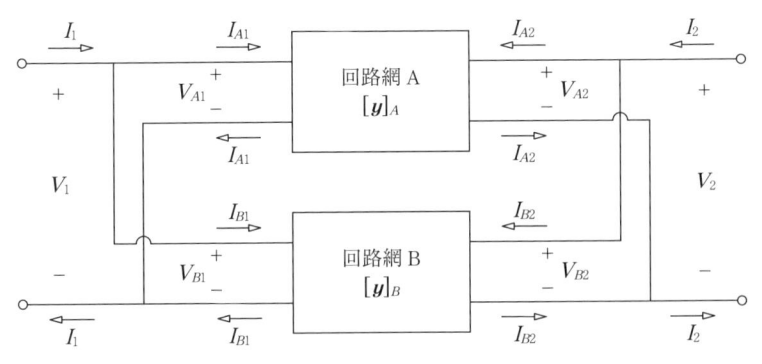

図 5.7　並列接続された回路網

5.1.3　F パラメータ

式 (5.15) に示すように，出力側の電圧と負の電流 $(V_2, -I_2)$ を独立変数として，入力側の電圧電流 (V_1, I_1) を

$$\begin{cases} V_1 = AV_2 - BI_2 \\ I_1 = CV_2 - DI_2 \end{cases} \tag{5.15}$$

のように表す。

入出力の流れで定義されており，F パラメータ（**ABCD** パラメータ）と呼ぶ。独立変数に"$-I_2$"を用いているが，これは複数段の回路網が縦続 (cascade) された場合に便利になるからである。

例題 5.2　図 5.8 に示す 2 段縦続回路網の F パラメータを求めよ。

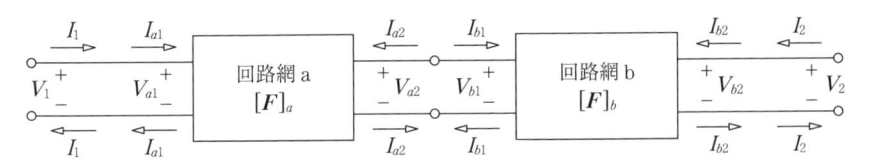

図 5.8　例題 5.2（2 段縦続回路網）

【解答】　回路の接続より，次式の関係がわかる。

$$V_1 = V_{a1},\ \ V_{a2} = V_{b1},\ \ V_{b2} = V_2,\ \ I_1 = I_{a1},\ \ I_{a2} = -I_{b1},\ \ I_{b2} = I_2 \tag{5.16}$$

よって

$$\begin{pmatrix} V_1 \\ I_1 \end{pmatrix} = \begin{pmatrix} A & B \\ C & D \end{pmatrix} \begin{pmatrix} V_2 \\ -I_2 \end{pmatrix} = \begin{pmatrix} V_{a1} \\ I_{a1} \end{pmatrix} = \begin{pmatrix} A_a & B_a \\ C_a & D_a \end{pmatrix} \begin{pmatrix} V_{a2} \\ -I_{a2} \end{pmatrix} = \begin{pmatrix} A_a & B_a \\ C_a & D_a \end{pmatrix} \begin{pmatrix} V_{b1} \\ I_{b1} \end{pmatrix}$$

$$= \begin{pmatrix} A_a & B_a \\ C_a & D_a \end{pmatrix} \left\{ \begin{pmatrix} A_b & B_b \\ C_b & D_b \end{pmatrix} \begin{pmatrix} V_{b2} \\ -I_{b2} \end{pmatrix} \right\} = \left\{ \begin{pmatrix} A_a & B_a \\ C_a & D_a \end{pmatrix} \begin{pmatrix} A_b & B_b \\ C_b & D_b \end{pmatrix} \right\} \begin{pmatrix} V_2 \\ -I_2 \end{pmatrix} \quad (5.17)$$

よって

$$\begin{pmatrix} A & B \\ C & D \end{pmatrix} = \begin{pmatrix} A_a & B_a \\ C_a & D_a \end{pmatrix} \begin{pmatrix} A_b & B_b \\ C_b & D_b \end{pmatrix} = \begin{pmatrix} A_a A_b + B_a C_b & A_a B_b + B_a D_b \\ C_a A_b + D_a C_b & C_a B_b + D_a D_b \end{pmatrix} \quad (5.18)$$

すなわち，回路網全体の F パラメータ行列は

$$[F] = [F]_a \cdot [F]_b \quad (5.19)$$

のように表される。　　　　　　　　　　　　　　　　　　　　　　　　　☆

5.1.4 h パラメータ

式 (5.20) に示すように，入力電流と出力電圧（I_1, V_2）を独立変数として，入力電圧と出力電流（V_1, I_2）をこれらにより表す。ここで，回路パラメータの単位はつぎに解説するように，電圧電流の比例関係で混合しているため，**h パラメータ（ハイブリッド パラメータ）**（hybrid parameter）と呼ぶ。

$$\begin{cases} V_1 = h_{11} I_1 + h_{12} V_2 \\ I_2 = h_{21} I_1 + h_{22} V_2 \end{cases} \quad (5.20)$$

h パラメータは，複数の回路網の入力端が直列，出力端が並列にそれぞれ接続された直並列接続（series-parallel connection）の解析に便利である。**図 5.9** に例示した回路全体の h パラメータは

$$[h] = [h]_A + [h]_B \quad (5.21)$$

となる。

h パラメータのような表記は，混乱しやすいように見えるが，実はトランジ

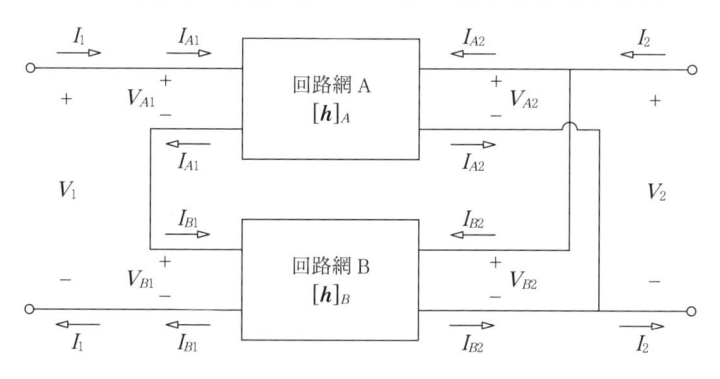

5.1 四端子（2ポート）回路網のパラメータ表現

図 5.9 直並列接続された回路網

スタの特性と明確な対応関係があり，トランジスタ回路の交流小信号解析によく用いられている。トランジスタ特性との対応およびトランジスタ増幅回路への応用については 6 章で紹介するが，ここでは h パラメータの一般的な概念や特性を少し詳細に説明する。

式 (5.20) より，各 h パラメータはつぎの条件付きの式で定義できる。

$$h_{11} = \left.\frac{V_1}{I_1}\right|_{V_2=0}, \quad h_{12} = \left.\frac{V_1}{V_2}\right|_{I_1=0}, \quad h_{21} = \left.\frac{I_2}{I_1}\right|_{V_2=0}, \quad h_{22} = \left.\frac{I_2}{V_2}\right|_{I_1=0} \tag{5.22}$$

これらの条件と各式の回路中における物理的な意味を反映した各 h パラメータの概念を表 5.1 に示す。特に，回路解析の場合には表に示す略記号を使用するのが一般的である。

表 5.1　各 h パラメータの概念

	条件・名称	単位	略記号
h_{11}	出力端短絡・入力インピーダンス（input impedance）	Ω	h_i
h_{12}	入力端開放・電圧帰還比（reverse voltage ratio）	無	h_r
h_{21}	出力端短絡・電流伝送利得（forward current gain）	無	h_f
h_{22}	入力端開放・出力アドミタンス（output admittance）	S	h_o

【例題 5.3】　図 5.10 に示す回路の h パラメータを求めよ。

図 5.10 例題 5.3

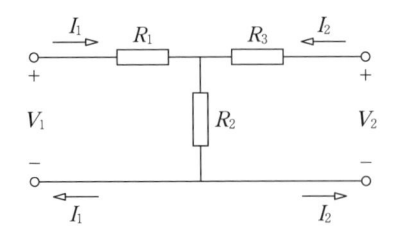

【解答①】 式 (5.22) をもとに，出力端短絡・入力電流を変数とする変形回路および入力端開放・出力電圧を変数とする変形回路はそれぞれ**図 5.11** に示される。

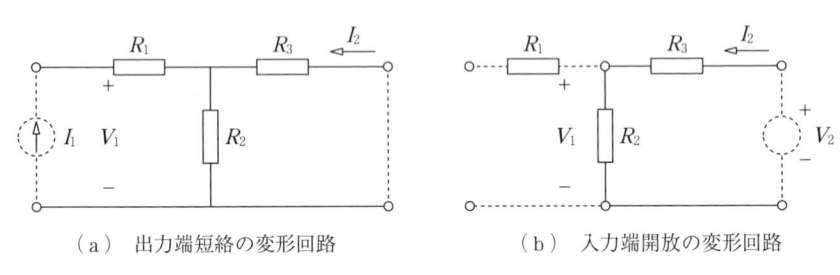

（a） 出力端短絡の変形回路　　　　（b） 入力端開放の変形回路

図 5.11　例題 5.3 解答①

図（a）より

$$V_1 = \left(R_1 + \frac{R_2 R_3}{R_2 + R_3}\right) I_1 \Rightarrow h_{11} = R_1 + \frac{R_2 R_3}{R_2 + R_3} \tag{5.23}$$

$$-I_2 R_3 = \frac{R_2 R_3}{R_2 + R_3} I_1 \Rightarrow h_{21} = -\frac{R_2}{R_2 + R_3} \tag{5.24}$$

図（b）より次式が求まる。

$$V_1 = \frac{R_2}{R_2 + R_3} V_2 \Rightarrow h_{12} = \frac{R_2}{R_2 + R_3} \tag{5.25}$$

$$I_2 = \frac{1}{R_2 + R_3} V_2 \Rightarrow h_{22} = \frac{1}{R_2 + R_3} \tag{5.26}$$

【解答②】 h パラメータの全体の定義式 (5.20) をもとに，入力電流と出力電圧を同時に変数として扱う**図 5.12** に示す変形回路によって各 h パラメータを求めることもできる。二つの独立電源を含んでおり，これらを一つずつ無効化させる重ね合わせの理を利用して解くことはもちろんできるが，そのプロセスは解答①と同様である。ここで，本例題について，二つの独立電源を同時に扱う方法を示す。

点 A に KCL，V_2, R_3, R_2 のループに KVL をそれぞれ適用し

5.1 四端子（2ポート）回路網のパラメータ表現　　131

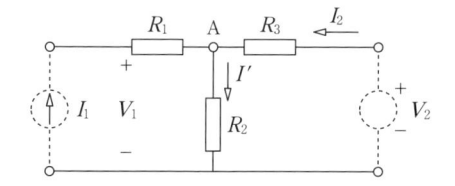

図 5.12　例題 5.3 解答②

$$\left.\begin{array}{l} I' = I_1 + I_2 \\ V_2 = I_2 R_3 + I' R_2 \end{array}\right\} \Rightarrow V_2 = I_2 R_3 + (I_1 + I_2) R_2 \Rightarrow I_2 = -\frac{R_2}{R_2 + R_3} I_1 + \frac{1}{R_2 + R_3} V_2 \tag{5.27}$$

V_1, R_1, R_2 のループに KVL を適用し，式 (5.27) の I_2 を代入することで

$$V_1 = R_1 I_1 + (I_1 + I_2) R_2 = \left(R_1 + \frac{R_2 R_3}{R_2 + R_3} \right) I_1 + \frac{R_2}{R_2 + R_3} V_2 \tag{5.28}$$

となり，式 (5.27) と式 (5.28) を式 (5.20) と比較すれば，解答①が得られる。　☆

ここまで紹介した各種パラメータのほか，h パラメータと反対に，V_1, I_2 を独立変数とし，入力端が並列，出力端が直列に接続された複数回路網の解析に便利な g パラメータ（インバース ハイブリッド パラメータ）（inverse hybrid parameter）もあるが，ここでは省略する。

5.1.5　パラメータ変換

これらのパラメータは，式 (5.1) で示したように，線形 2 ポート回路網の中身を表すものである。それぞれの応用問題に応じて，入出力電圧電流のうちのどれを独立変数とするかの扱い方は異なるが，同一回路であれば各種パラメータの対応関係は決まっている。すなわち，ある種類のパラメータから，ほかのパラメータを求めることができる。

ここで一例として，h パラメータから z パラメータを求める方法を紹介する。z パラメータの定義式 (5.2) と h パラメータの定義式 (5.20) を用い，V_1, V_2 を I_1, I_2 で表現するように式 (5.20) を変形すればよい。

まず，式 (5.20) より，V_2 を I_1, I_2 で表現するように変形し，この V_2 を V_1 の式に代入すれば

$$\begin{cases} V_1 = h_{11}I_1 + h_{12}\left(-\dfrac{h_{21}}{h_{22}}I_1 + \dfrac{1}{h_{22}}I_2\right) = \left(h_{11} - \dfrac{h_{12}h_{21}}{h_{22}}\right)I_1 + \dfrac{h_{12}}{h_{22}}I_2 \\ V_2 = -\dfrac{h_{21}}{h_{22}}I_1 + \dfrac{1}{h_{22}}I_2 \end{cases} \quad (5.29)$$

となる．式 (5.2) と比較して，z パラメータは次式のように求まる．

$$z_{11} = h_{11} - \dfrac{h_{12}h_{21}}{h_{22}}, \quad z_{12} = \dfrac{h_{12}}{h_{22}}, \quad z_{21} = -\dfrac{h_{21}}{h_{22}}, \quad z_{22} = \dfrac{1}{h_{22}} \quad (5.30)$$

5.2　2ポート増幅器の性能評価

図 5.1 に示したように，2 ポート回路網は全体システム内の一部として，前段からの出力信号を受け取って，なんらかの処理（増幅やフィルタリングなど）を施し，つぎの段へ出力する役割を担っている．

一つの 2 ポート回路網を解析する際に，図 5.2 に示したように，その前段を信号源と信号源の出力インピーダンスとし，後段を負荷インピーダンスとしてそれぞれ置き換えられる．ただし，信号の流れに対する役割と，回路網自身のパラメータ表現との着目点に違いがあるため，図 5.13 に示すように，つぎの点について注意する必要がある．

◆性能評価の出力電流は，出力電圧の＋端子から流出する方向で定義される．

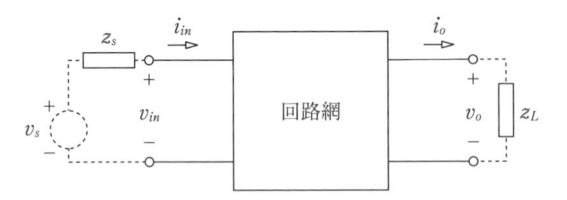

図 5.13　2 ポート回路網の性能評価のための入出力関係

以下に，2 ポート回路網の基本である増幅器の性能を評価する諸パラメータを紹介する．増幅器の性能として，利得，伝送効率，帯域幅，消費電力，線形

度，雑音，最大出力，応答速度，安定性など多くの項目が挙げられる。本章では，増幅回路解析の入門として，中間的周波数領域の交流小信号を扱う線形回路網を対象とし，いくつか基本的な性能評価項目を紹介する。ここで，中間的周波数領域とは，扱う信号の周波数が，回路素子となるカップリングキャパシタやバイパスキャパシタを短絡素子とみなせるほど高く，かつトランジスタなど素子内の寄生容量を開放素子とみなせるほど低い領域のことである。

5.2.1 利得と入出力インピーダンス

利得とは，増幅器の性能として最も重要な項目であり，入力に対する出力の増幅度である。

具体的には，電流増幅度（current amplification），電圧増幅度（voltage amplification），電力増幅度（power amplification）がある。また，入出力信号の位相が変化する場合，これらの増幅度にそれぞれ移相（phase shift）を考慮する必要がある。

$$(1) \ 電流増幅度（電流利得）：A_i = \frac{i_o}{i_{in}} \tag{5.31}$$

$$(2) \ 電圧増幅度（電圧利得）：A_v = \frac{v_o}{v_{in}} \tag{5.32}$$

$$(3) \ 電力増幅度（電力利得）：A_p = A_v A_i = \frac{v_o i_o}{v_{in} i_{in}} \tag{5.33}$$

$$(4) \ 移相（利得の位相角）：\begin{cases} \arg(A_v) = \arg(v_o) - \arg(v_{in}) \\ \arg(A_i) = \arg(i_o) - \arg(i_{in}) \end{cases} \tag{5.34}$$

前述のように，一つの回路網は，その前段回路網（または信号源）に対して一つの負荷インピーダンスとみなせるが，このインピーダンスとは，当該回路網の**入力インピーダンス**（input impedance）である。

> (5) 入力インピーダンス：$z_{in} = \dfrac{v_{in}}{i_{in}}$ (5.35)

入力インピーダンスは，その前段回路網の出力インピーダンス（または信号源の内部インピーダンス）との整合性により，当該回路網の電力を受け取る能力に影響を与える。信号の伝送において，負荷インピーダンスは，信号源の内部インピーダンスの複素共役（$Z_L = z_s^*$）であれば，最大有効電力が伝送できる。

~最大伝送電力の定理~

図 5.14 に示す伝送電力回路において
$z_s = r_s + jx_s$
$Z_L = r_L + jx_L$
とした場合，負荷 Z_L の消費電力（有効電力）は
$P_L = \mathrm{Re}(Z_L |I|^2) = r_L |I|^2$
となる。ここで
$|I| = \dfrac{|v_s|}{|z_s + Z_L|} = \dfrac{|v_s|}{\sqrt{(r_s + r_L)^2 + (x_s + x_L)^2}}$

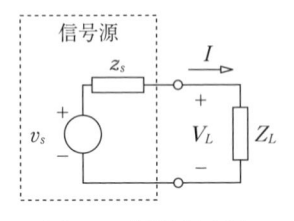

図 5.14 伝送電力回路

を代入し
$P_L = \dfrac{r_L |v_s|^2}{(r_s + r_L)^2 + (x_s + x_L)^2} = \dfrac{|v_s|^2}{4r_s + \dfrac{(r_L - r_s)^2}{r_L} + \dfrac{(x_L + x_s)^2}{r_L}}$

が得られる。
この分母の三つの項がすべて非負の値なので，最小（P_L が最大）条件は
$\dfrac{(r_L - r_s)^2}{r_L} = 0, \quad \dfrac{(x_L + x_s)^2}{r_L} = 0$

すなわち $r_L = r_s$, $x_L = -x_s$ である。つまり
・伝送電力が最大となる条件は $Z_L = z_s^*$ である。
・その際の伝送電力は次式となる。
$P_{L\max} = \dfrac{|v_s|^2}{4r_s}$

一つの回路網は，その後段回路網（または負荷）に対して一つの信号源と一つのインピーダンスの直列接続とみなせるが，このインピーダンスは，当該回路網の**出力インピーダンス**（output impedance）である。出力インピーダンスは，その後段回路網の入力インピーダンス（または負荷）との整合性により，当該回路網の電力伝送能力（駆動能力）に影響を与える。最大伝送電力の定理からわかるように，出力インピーダンスの実部が小さいほうが，駆動能力が大きくなる。

出力インピーダンスは，出力側から見た回路網の等価インピーダンスであり，図 5.13 中の諸電圧電流を用いて直接的に表すことができない。その代わりに，式 (5.36) と**図 5.15** に示すように，出力インピーダンスは，回路網入力側の電源を無効化し，出力側の負荷インピーダンスを一つの仮想駆動電圧源と置き換えた状態で，その駆動電圧と電流の比で定義される。

---

(6) 出力インピーダンス：$z_o = \dfrac{v_d}{i_d}$ (5.36)

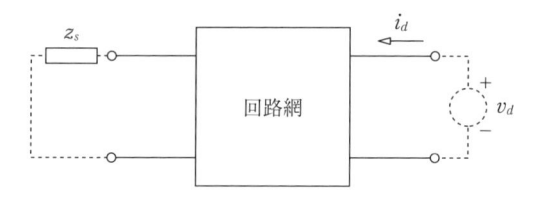

図 5.15　出力インピーダンスの定義用回路

5.2.2　回路網の等価パラメータによる性能評価

5.1 節で述べた各種回路網の等価パラメータは，回路網自身の特性を表すもので，結果的に回路網外部の素子と独立であるのに対し，式 (5.31) ～ (5.36) に示す各種性能評価項目は，回路網のみならず，その外部に接続している素子（Z_L, Z_S）にも関連している。よって，回路網を等価パラメータより表現し，これらの外部素子と併せて，各性能評価項目を表すことができる。

ここで，電圧増幅度と出力インピーダンスを例に挙げ，回路網の h パラメータを用いることで，回路網の等価パラメータによる性能評価の方法を紹介する。

例題 5.4 h パラメータを用いて，図 5.16 に示す回路網の電圧増幅度 v_o/v_{in} と出力インピーダンス z_o をそれぞれ求めよ。

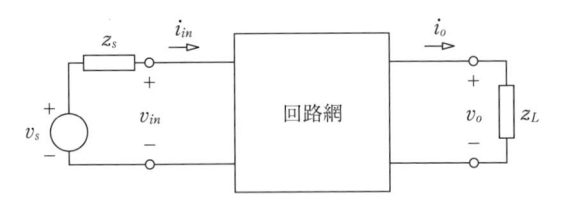

図 5.16 例題 5.4

【解答】 まず，図より，電圧増幅度を考える。h パラメータの定義式 (5.20) を，図に示す電圧電流を使って書き換えれば，それぞれ次式となる。

$$v_{in} = h_i i_{in} + h_r v_o \tag{5.37}$$
$$-i_o = h_f i_{in} + h_o v_o \tag{5.38}$$

電圧増幅度は，v_{in} と v_o の比例係数であるから，式 (5.38) 中の i_{in} を v_o により表現し，式 (5.37) に代入すればよい。式 (5.38) より

$$-i_o = -\frac{v_o}{z_L} = h_f i_{in} + h_o v_o \Rightarrow i_{in} = -\frac{v_o}{h_f}\left(\frac{1}{z_L} + h_o\right) \tag{5.39}$$

が得られる。この i_{in} を式 (5.37) に代入し，整理すると

$$v_{in} = -\frac{v_o}{h_f}\left(\frac{1}{z_L} + h_o\right)h_i + h_r v_o = \left(h_r - \frac{h_i}{h_f z_L} - \frac{h_i h_o}{h_f}\right)v_o \tag{5.40}$$

となる。よって

$$A_v = \frac{v_o}{v_{in}} = \frac{1}{h_r - \dfrac{h_i}{h_f}\left(\dfrac{1}{z_L} + h_o\right)} \tag{5.41}$$

と求まる。この結果より，電圧増幅度は，h パラメータのみならず，負荷インピーダンスにも依存することがわかる。

つぎに，図 5.17 を用いて，出力インピーダンスを考える。

図中の電圧電流を用いて h パラメータの定義式を書き換える。

$$v_1 = h_i i_1 + h_r v_d \tag{5.42}$$
$$i_d = h_f i_1 + h_o v_d \tag{5.43}$$

式 (5.42) より

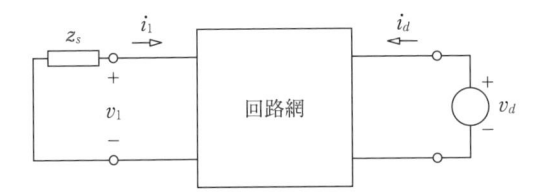

図5.17 例題5.4解答（出力インピーダンス）

$$v_1 = -z_s i_1 = h_i i_1 + h_r v_d \Rightarrow i_1 = -\frac{h_r}{h_i + z_s} v_d \tag{5.44}$$

が得られる。この i_1 を式 (5.43) に代入すると

$$i_d = -\frac{h_r h_f}{h_i + z_s} v_d + h_o v_d \tag{5.45}$$

よって

$$z_o = \frac{v_d}{i_d} = \frac{1}{h_o - \dfrac{h_r h_f}{h_i + z_s}} \tag{5.46}$$

と求まる。この結果より，出力インピーダンスは，h パラメータのみならず，前段の出力インピーダンス（または信号源の内部インピーダンス）にも依存することがわかる。 ☆

5.3 h パラメータ等価回路

h パラメータは2ポート回路網を表現するものであるが，この2ポート回路網の周りにさらに他の回路素子がある場合，回路全体を解析するためにこの部分を h パラメータ等価回路で置き換えれば便利である。

図5.18において，破線の枠は，一般的な2ポート回路網を表す。具体的な回路の中身は構成素子や接続もさまざまであるが，その回路の h パラメータを用いれば図のような等価回路で置き換えることができる。図のように，この h パラメータ回路は左右二つの部分より構成されている。この二つの部分は直接につながっていないが，左側の制御電圧源の電圧と右側の制御電流源の電流はそれぞれ右側の電圧と左側の電流に依存している。

左側の入力電圧 v_i，インピーダンス h_i，制御電圧源 $h_r v_o$ のループに KVL を

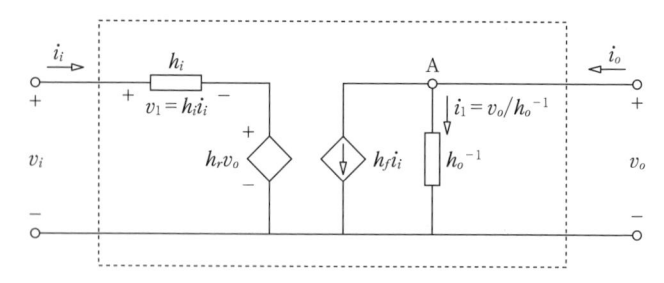

図 5.18　h パラメータ等価回路の考え方

適用すると，次式が得られる．

$$v_i = v_1 + h_r v_o = h_i i_i + h_r v_o \tag{5.47}$$

また，右側において，点 A に KCL を適用すると，次式が得られる．

$$i_o = h_f i_i + i_1 = h_f i_i + h_o v_o \tag{5.48}$$

式 (5.47) と式 (5.48) は，h パラメータの定義式である式 (5.20) と一致していることがわかる．

なお，h_o はアドミタンスであり，直接対応する一般的な回路素子がないため，図 5.18 に示すように抵抗器の記号に h_o^{-1} あるいは $1/h_o$ で表記する場合が多い．本書では，これ以降，便宜上のため図 5.19 に示す図記号をアドミタンスの図記号として用いる．よって，h パラメータ等価回路の一般形を図 5.20 のように表すことにする．

図 5.19　アドミタンスの図記号

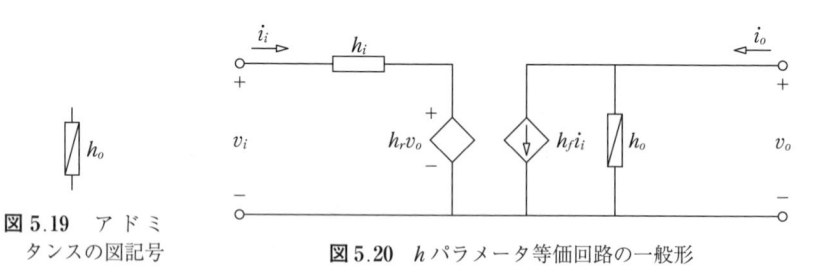

図 5.20　h パラメータ等価回路の一般形

例題 5.5　h パラメータ等価回路を用いて，図 5.16 に示す回路網の電圧増幅度 v_o/v_{in} と出力インピーダンス z_o をそれぞれ求めよ．

5.3 hパラメータ等価回路

【解答】 回路網を h パラメータ等価回路に置き換えた全体の回路図は**図5.21**となる。ここで，回路全体の性能評価のため出力電流 i_o の極性が図5.20と異なることに留意する必要がある。

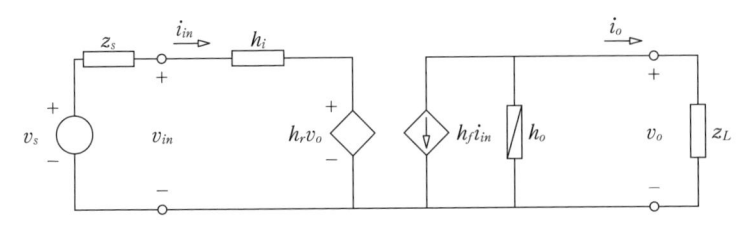

図5.21 例題5.5解答（図5.16の h パラメータ等価回路）

回路性能評価の問題は，線形回路中に複数ある電圧電流の二つの比例関係を求めるものであるので，この二つの関数（電圧または電流）を共通した一つの変数（電圧または電流）により表現すればよい。一般的に，h パラメータ等価回路の入力電流を変数として，求めたい関数を表現するのが便利である。

まず，回路の電圧増幅度を考える。求めたい関数は v_o と v_{in} の二つの電圧で，左側の回路から v_{in} には v_o の成分が含まれていることがわかるので，先に v_o を求める。そこで，図5.21の右側を**図5.22**のように変形し，すなわち，h_o^{-1} と z_L の二つの並列インピーダンスに電流 $h_f i_{in}$ が流れるものとみなすと

$$v_o = (-h_f i_{in})(z_L \mathbin{/\mkern-6mu/} h_o^{-1}) = \left(-\frac{h_f}{h_o + \dfrac{1}{z_L}} \right) i_{in} \tag{5.49}$$

が得られる。ここで，"//"はインピーダンスの並列を表す記号として用いる。また，この電流 $h_f i_{in}$ が発生させる起電力は v_o の定義と逆向きであるため，結果はマイナスとなっている。

v_{in} を求めるために，左側の回路にKVLを適用し，上式の v_o の結果を代入すると

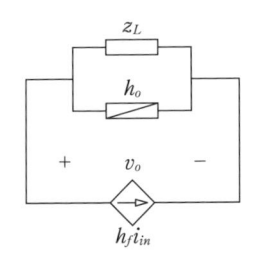

図5.22 例題5.5解答（図5.21の右側を変形）

$$v_{in} = h_i i_{in} + h_r v_o = \left(h_i - \frac{h_r h_f}{h_o + \dfrac{1}{z_L}} \right) i_{in} \tag{5.50}$$

と求まる。式 (5.49) と式 (5.50) を割り算し，共通の変数 i_{in} が消えるので

$$A_v = \frac{v_o}{v_{in}} = \frac{1}{h_r - \dfrac{h_i}{h_f}\left(h_o + \dfrac{1}{z_L} \right)} \tag{5.51}$$

となり，式 (5.41) と同様の結果が求まる。

つぎに，出力インピーダンスを解析するため，**図5.23** に示すように，図5.17 の「回路網」の部分を h パラメータ等価回路に置き換える。ここで，i_{in} により表したい関数は v_d と i_d であり，右側の回路より i_d が点 A での KCL より求められるが，その一部である i_1 が v_d の成分を含むので，先に左側の回路より v_d を求めたい。

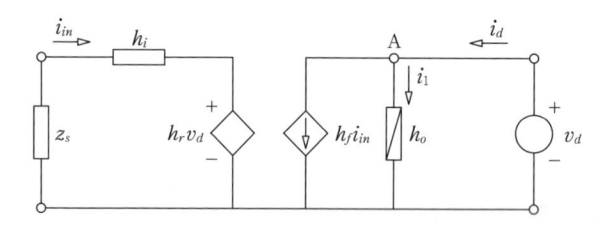

図5.23 例題5.5解答（図5.17の h パラメータ等価回路）

左側の回路は h_i と z_s の二つの直列インピーダンスに電圧 $h_r v_d$ を印加するものとみなせるので

$$h_r v_d = (h_i + z_s)(-i_{in}) \Rightarrow v_d = \left(-\frac{h_i + z_s}{h_r} \right) i_{in} \tag{5.52}$$

と求まる。また，点 A での KCL より

$$i_d = h_f i_{in} + i_1 = h_f i_{in} + \frac{v_d}{h_o^{-1}} \tag{5.53}$$

が得られる。式 (5.52) の v_d の結果を代入し

$$i_d = h_f i_{in} + i_1 = \left(h_f - h_o \frac{h_i + z_s}{h_r} \right) i_{in} \tag{5.54}$$

と求まる。式 (5.52) と式 (5.54) より，式 (5.46) と同様の結果が求まる。

$$z_o = \frac{v_d}{i_d} = \frac{1}{h_o - \dfrac{h_r h_f}{h_i + z_s}} \tag{5.55}$$

☆

演 習 問 題

[5.1]　図 5.10 に示す回路の z パラメータを求めよ。

[5.2]　図 5.9 に示す直並列接続回路網において，式 (5.21) を証明せよ。

[5.3]　図 5.3 に示す回路の h パラメータを求めよ。

[5.4]　z パラメータを用いて h パラメータを表現する式を導け。

[5.5]　図 5.16 に示す回路において，回路網の h パラメータを用いて電流増幅度を求めよ。

[5.6]　図 5.16 に示す回路において，$z_s = 100\,\Omega$，$z_L = 1\,\text{k}\Omega$，回路網の h パラメータはそれぞれ，$h_i = 80\,\Omega$，$h_r = 0.002$，$h_f = 40$，$h_o = 1\,\text{mS}$ とし，h パラメータ定義式を用いて回路網の入力インピーダンスを求めよ。

[5.7]　図 5.16 に示す回路において，h パラメータ等価回路を用いて電流増幅度を求めよ。

[5.8]　図 5.16 に示す回路において，$z_s = 100\,\Omega$，$z_L = 1\,\text{k}\Omega$，回路網の h パラメータはそれぞれ，$h_i = 80\,\Omega$，$h_r = 0.002$，$h_f = 40$，$h_o = 1\,\text{mS}$ とし，h パラメータ等価回路を用いて回路網の入力インピーダンスを求めよ。

6

小信号トランジスタ
増幅回路

前章では2ポート回路網のパラメータ表現および一般特性を説明した。本章では，トランジスタの入出力特性とよく対応する h パラメータを中心に，トランジスタ増幅回路の小信号線形化解析方法を紹介する。

6.1 BJT の h パラメータ等価回路

6.1.1 h パラメータと BJT 特性との対応関係

BJT（バイポーラ接合トランジスタ）回路において，BJT のみを h パラメータ等価回路で置き換えてから解析することが多い。その理由は，四つの h パラメータが BJT のそれぞれの入出力特性とよく対応していることにある。

図 6.1 には，一例として，3 章に述べたエミッタ接地型 BJT 静特性の電圧電流関係曲線を示す。h パラメータと対応する全体のイメージをとらえやすくするため，入出力電圧電流の計四つの変数について，それぞれ正の部分のみを四つの軸として，i_C-v_{CE} 関係，i_C-i_B 関係，v_{BE}-i_B 関係と v_{BE}-v_{CE} 関係をそれぞれ四つの象限に示している。

すなわち，第 1 象限では図 3.8（b）に示した出力特性の一部，第 2 象限では図 3.17（b）に示した電流伝達特性，第 3 象限では図 3.8（a）に示した入力特性の一部，第四象限では図 3.21（b）に示した電圧帰還特性の一部をそれぞれ示している。

BJT の電圧電流関係は，全体から見れば非線形的であり，また，例えば i_C-v_{CE} 関係の特性でも入力電流 i_B の値によって変化している。しかし，これらの

6.1 BJTのhパラメータ等価回路　　143

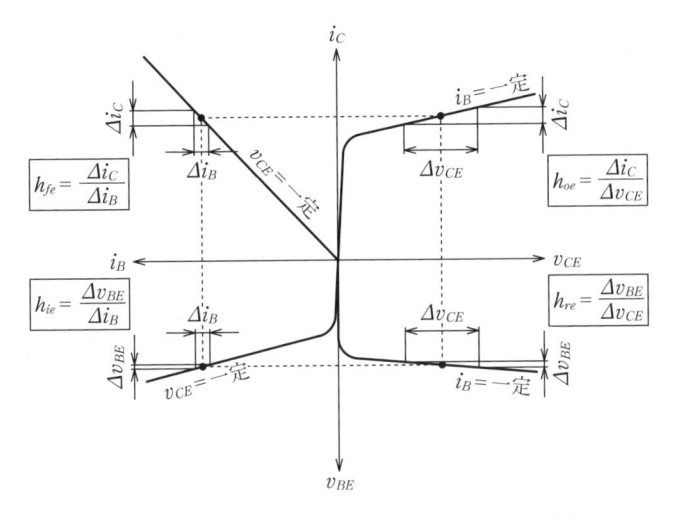

図6.1 BJTの電圧電流関係特性とhパラメータの対応例

変数は，Q点を中心にわずかに変動する（交流小信号）場合，図示のようにそれぞれの関係曲線は，このQ点を中心とする小範囲内で直線に近似させることができる。

すなわち，BJTは，適切な直流バイアスをかけた状態で，交流小信号に対して線形素子として扱うことができる。特に，後に詳細に説明するとおり，これら入出力電圧電流関係の直線の傾きは，それぞれ四つのhパラメータと一致している。

6.1.2　BJTの各種接続方式におけるhパラメータ等価回路

BJTは，回路の目的に応じて，表6.1に示す3種類の接続方式がある。ここで，「共通」とは，入出力の共通端子の意味である。また，エミッタ共通型，

表6.1　BJTの回路の接続方式

名　称	共通端子	入力端子	出力端子
エミッタ共通型（CE型）（common-emitter）	E	B	C
ベース共通型（CB型）（common-base）	B	E	C
コレクタ共通型（CC型）（common-collector）	C	B	E

ベース共通型，コレクタ共通型は，それぞれ**エミッタ接地型**，**ベース接地型**，**コレクタ接地型**と呼ばれることも多いが，応用回路によっては必ずしも入出力の共通端子が接地されているわけではない。

なお，同じ BJT であっても，接続方式によって入出力端子が変化するので，対応する h パラメータも変化するが，これらを区別するために，例えば CE 型であれば，h_{ie}，h_{re}，h_{fe}，h_{oe} のように，各 h パラメータに共通端子を下付き文字で表記する。

〔1〕 **CE 型の h パラメータ表現**　図 6.2 (a) に，CE 型 BJT の入出力電圧電流を示す。図中の Ⓐ と Ⓥ はそれぞれ電流計と電圧計を示している。

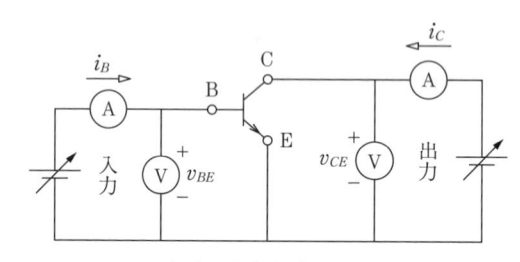

（a）入出力電圧電流

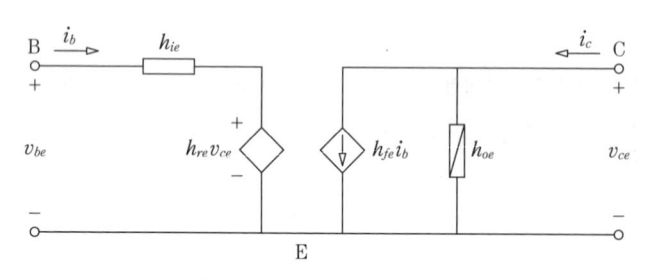

（b）h パラメータ等価回路

図 6.2　CE 型 BJT の入出力と h パラメータ等価回路

これらの電圧電流の関係を h パラメータにより表すと式 (6.1) となる。そして，それぞれの h パラメータは式 (6.2) となり，BJT の h パラメータ等価回路は図（b）となる。

$$\begin{cases} v_{be} = h_{ie}i_b + h_{re}v_{ce} \\ i_c = h_{fe}i_b + h_{oe}v_{ce} \end{cases} \quad (6.1)$$

$$\begin{cases} h_{ie} = \left.\dfrac{v_{be}}{i_b}\right|_{v_{ce}=0} = \left.\dfrac{\Delta v_{BE}}{\Delta i_B}\right|_{v_{CE}一定} \\ \\ h_{re} = \left.\dfrac{v_{be}}{v_{ce}}\right|_{i_b=0} = \left.\dfrac{\Delta v_{BE}}{\Delta v_{CE}}\right|_{i_B一定} \\ \\ h_{fe} = \left.\dfrac{i_c}{i_b}\right|_{v_{ce}=0} = \left.\dfrac{\Delta i_C}{\Delta i_B}\right|_{v_{CE}一定} \\ \\ h_{oe} = \left.\dfrac{i_c}{v_{ce}}\right|_{i_b=0} = \left.\dfrac{\Delta i_C}{\Delta v_{CE}}\right|_{i_B一定} \end{cases} \quad (6.2)$$

例題 6.1 図 6.2（a）の回路において，CE 型トランジスタの Q 点（動作点）を中心として v_{CE} を一定に保ち，i_B を $10\,\mu\mathrm{A}$ 増加させたとき，v_{BE} は $0.15\,\mathrm{V}$，i_C は $1.2\,\mathrm{mA}$，それぞれ増加した。また，i_B を一定に保ち，v_{CE} を $1\,\mathrm{V}$ 増加させたとき，v_{BE} は $50\,\mu\mathrm{V}$，i_C は $10\,\mu\mathrm{A}$，それぞれ増加した。このトランジスタの h パラメータ h_{ie}，h_{re}，h_{fe}，h_{oe} を求めよ。

【解答】CE 型 BJT の h パラメータ定義式 (6.2) より，つぎのとおり求まる。

$$h_{ie} = \left.\dfrac{\Delta v_{BE}}{\Delta i_B}\right|_{v_{CE}一定} = \dfrac{0.15}{10\times 10^{-6}} = 15\,\mathrm{k\Omega}$$

$$h_{re} = \left.\dfrac{\Delta v_{BE}}{\Delta v_{CE}}\right|_{i_B一定} = \dfrac{50\times 10^{-6}}{1} = 5\times 10^{-5}$$

$$h_{fe} = \left.\dfrac{\Delta i_C}{\Delta i_B}\right|_{v_{CE}一定} = \dfrac{1.2\times 10^{-3}}{10\times 10^{-6}} = 120$$

$$h_{oe} = \left.\dfrac{\Delta i_C}{\Delta v_{CE}}\right|_{i_B一定} = \dfrac{10\times 10^{-6}}{1} = 10\,\mu\mathrm{S}$$

☆

〔2〕**CB 型の h パラメータ表現**　同様に，CB 型 BJT の入出力電圧電流と h パラメータ等価回路を**図 6.3** に，電圧電流の関係式と各 h パラメータを

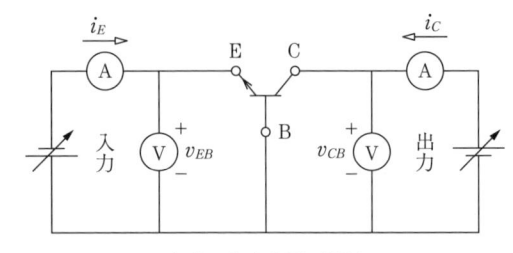

（a）入出力電圧電流

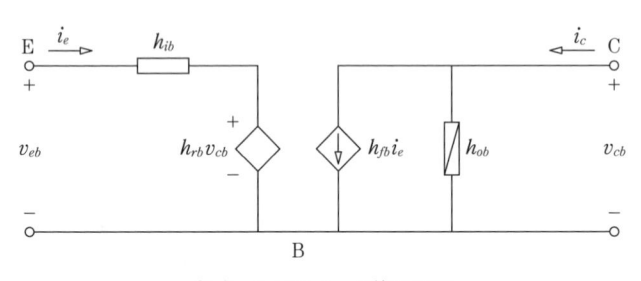

（b）hパラメータ等価回路

図 6.3　CB 型 BJT の入出力と h パラメータ等価回路

式 (6.3) と式 (6.4) にそれぞれ示す。

$$\begin{cases} v_{eb} = h_{ib} i_e + h_{rb} v_{cb} \\ i_c = h_{fb} i_e + h_{ob} v_{cb} \end{cases} \tag{6.3}$$

$$\begin{cases} h_{ib} = \dfrac{v_{eb}}{i_e} \bigg|_{v_{cb}=0} = \dfrac{\Delta v_{EB}}{\Delta i_E} \bigg|_{v_{CB}\text{一定}} \quad h_{rb} = \dfrac{v_{eb}}{v_{cb}} \bigg|_{i_e=0} = \dfrac{\Delta v_{EB}}{\Delta v_{CB}} \bigg|_{i_E\text{一定}} \\ h_{fb} = \dfrac{i_c}{i_e} \bigg|_{v_{cb}=0} = \dfrac{\Delta i_C}{\Delta i_E} \bigg|_{v_{CB}\text{一定}} \quad h_{ob} = \dfrac{i_c}{v_{cb}} \bigg|_{i_e=0} = \dfrac{\Delta i_C}{\Delta v_{CB}} \bigg|_{i_E\text{一定}} \end{cases} \tag{6.4}$$

CE 型と比べると入力端子と共通端子を入れ替えたものなので，等価回路も関係式も $E(e)$ と $B(b)$ を入れ替えた形になっている。

〔3〕**CC 型の h パラメータ表現**　CC 型 BJT の入出力電圧電流と h パラメータ等価回路を図 6.4 に，電圧電流の関係式と各 h パラメータを式 (6.5) と式 (6.6) にそれぞれ示す。CE 型と比べると出力端子と共通端子を入れ替えた

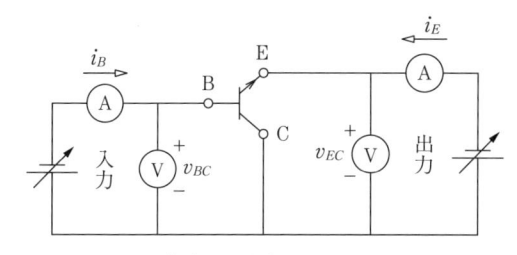

6.1 BJT の h パラメータ等価回路

（a）入出力電圧電流

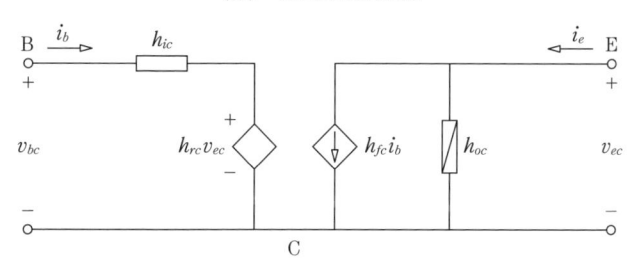

（b）h パラメータ等価回路

図 6.4 CC 型 BJT の入出力と h パラメータ等価回路

形になっている。

$$\begin{cases} v_{bc} = h_{ic} i_b + h_{rc} v_{ec} \\ i_e = h_{fc} i_b + h_{oc} v_{ec} \end{cases} \tag{6.6}$$

$$\begin{cases} h_{ic} = \dfrac{v_{bc}}{i_b} \bigg|_{v_{ec}=0} = \dfrac{\Delta v_{BC}}{\Delta i_B} \bigg|_{v_{EC} \text{一定}} \\ h_{rc} = \dfrac{v_{bc}}{v_{ec}} \bigg|_{i_b=0} = \dfrac{\Delta v_{BC}}{\Delta v_{EC}} \bigg|_{i_B \text{一定}} \\ h_{fc} = \dfrac{i_e}{i_b} \bigg|_{v_{ec}=0} = \dfrac{\Delta i_E}{\Delta i_B} \bigg|_{v_{EC} \text{一定}} \\ h_{oc} = \dfrac{i_e}{v_{ec}} \bigg|_{i_b=0} = \dfrac{\Delta i_E}{\Delta v_{EC}} \bigg|_{i_E \text{一定}} \end{cases} \tag{6.6}$$

6.1.3 各種接続方式の h パラメータの換算

一般に，トランジスタにはその CB 型あるいは CE 型の h パラメータどちらか1セットだけが与えられている．具体的な回路に応じて，各種接続方式の h パラメータ間の換算が必要である．

ここで一例として CE 型 h パラメータから CB 型 h パラメータを計算する方法を考える．この問題では，式 (6.1) を式 (6.3) のように変形させるため，式 (6.3) に現れていない i_b と v_{ce} を i_e と v_{cb} によって表す必要がある．

まず，**図 6.5** に示すように，BJT の三つの端子に流れ込む電流は，KCL よりつぎの関係がある．

$$i_b + i_e + i_c = 0 \Rightarrow i_b = -i_e - i_c \tag{6.7}$$

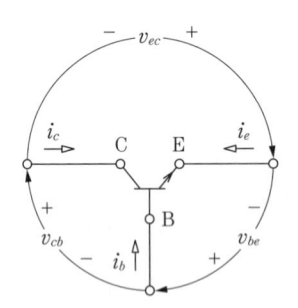

図 6.5 BJT の電圧，電流

また，各端子間電圧とそれらの極性を考えると，KVL よりつぎの関係がある．

$$v_{cb} + v_{ec} + v_{be} = 0 \Rightarrow v_{ce} = v_{cb} - v_{eb} \tag{6.8}$$

式 (6.7) と式 (6.8) および $v_{be} = -v_{eb}$ を式 (6.1) に代入し

$$v_{be} = -v_{eb} = h_{ie}i_b + h_{re}v_{ce} = h_{ie}(-i_e - i_c) + h_{re}(v_{cb} - v_{eb})$$

$$\Rightarrow v_{eb} = \frac{h_{ie}i_e - h_{re}v_{cb} + h_{ie}i_c}{1 - h_{re}} \tag{6.9}$$

$$i_c = h_{fe}i_b + h_{oe}v_{ce} = h_{fe}(-i_e - i_c) + h_{oe}(v_{cb} - v_{eb})$$

$$\Rightarrow i_c = \frac{-h_{fe}i_e + h_{oe}v_{cb} - h_{oe}v_{eb}}{h_{fe} + 1} \tag{6.10}$$

がそれぞれ得られる．式 (6.9) と式 (6.10) を交互に代入し，整理すると

$$\frac{(1-h_{re})(h_{fe}+1)+h_{ie}h_{oe}}{h_{fe}+1}v_{eb} = \frac{h_{ie}}{h_{fe}+1}i_e + \left(\frac{h_{ie}h_{oe}}{h_{fe}+1}-h_{re}\right)v_{cb} \tag{6.11}$$

$$\frac{(1-h_{re})(h_{fe}+1)+h_{ie}h_{oe}}{1-h_{re}}i_c = -\left(h_{fe}+\frac{h_{ie}h_{oe}}{1-h_{re}}\right)i_e + \frac{h_{oe}}{1-h_{re}}v_{cb} \tag{6.12}$$

が得られる。CB 型 h パラメータの式 (6.3) と比較し、さらに BJT の一般特性である $h_{re} \ll 1$ と $h_{fe}+1 \gg h_{ie}h_{oe}$ を考慮すると、CE 型 h パラメータから CB 型の各 h パラメータを求める換算式がつぎのように求められる。

$$\begin{cases} h_{ib} = \dfrac{h_{ie}}{(1-h_{re})(h_{fe}+1)+h_{ie}h_{oe}} \approx \dfrac{h_{ie}}{h_{fe}+1} \\[2mm] h_{rb} = \dfrac{h_{ie}h_{oe}-h_{re}(h_{fe}+1)}{(1-h_{re})(h_{fe}+1)+h_{ie}h_{oe}} \approx \dfrac{h_{ie}h_{oe}}{h_{fe}+1}-h_{re} \\[2mm] h_{fb} = \dfrac{-h_{ie}h_{oe}-h_{fe}(1-h_{re})}{(1-h_{re})(h_{fe}+1)+h_{ie}h_{oe}} \approx \dfrac{-h_{fe}}{h_{fe}+1} \\[2mm] h_{ob} = \dfrac{h_{oe}}{(1-h_{re})(h_{fe}+1)+h_{ie}h_{oe}} \approx \dfrac{h_{oe}}{h_{fe}+1} \end{cases} \tag{6.13}$$

CB 型 h パラメータより CE 型 h パラメータを求める換算式および $h_{rb} \ll 1$ と $h_{ob}h_{ib} \ll 1+h_{fb}$ の一般特性を考慮に入れた近似結果をつぎに示す。

$$\begin{cases} h_{ie} = \dfrac{h_{ib}}{h_{ib}h_{ob}+(1+h_{fb})(1-h_{rb})} \approx \dfrac{h_{ib}}{1+h_{fb}} \\[2mm] h_{re} = \dfrac{h_{ib}h_{ob}-h_{rb}(1+h_{fb})}{h_{ib}h_{ob}+(1+h_{fb})(1-h_{rb})} \approx \dfrac{h_{ib}h_{ob}}{1+h_{fb}}-h_{rb} \\[2mm] h_{fe} = \dfrac{-h_{ib}h_{ob}-h_{fb}(1-h_{rb})}{h_{ib}h_{ob}+(1+h_{fb})(1-h_{rb})} \approx \dfrac{-h_{fb}}{1+h_{fb}} \\[2mm] h_{oe} = \dfrac{h_{ob}}{h_{ib}h_{ob}+(1+h_{fb})(1-h_{rb})} \approx \dfrac{h_{ob}}{1+h_{fb}} \end{cases} \tag{6.14}$$

式 (6.13) と比べると，これらの換算式は，CE 型と CB 型の各 h パラメータを入れ替えた形となっていることがわかる．その理由は，共通端子と入力端子を入れ替えることで，式 (6.7) と式 (6.8) に示したように，i_c と i_b および v_{ce} と v_{eb} がたがいに対称関係になっていることにある．

例題 6.2 CB 型 h パラメータの関係式 (6.3) と CE 型 h パラメータの定義式 (6.2) を用いて換算式 (6.14) を証明せよ．

【解答】 まず，h_{ie} と h_{fe} を求めるため，$v_{ce}=0$ の場合を考える．このとき式 (6.8) より $v_{cb}=v_{eb}=-v_{be}$ がわかる．さらに，式 (6.7) より $i_e=-i_b-i_c$ も式 (6.3) に代入して

$$\begin{cases} -v_{be}=h_{ib}(-i_b-i_c)-h_{rb}v_{be} \Rightarrow (1-h_{rb})v_{be}=h_{ib}(i_b+i_c) \\ i_c=h_{fb}(-i_b-i_c)-h_{ob}v_{be} \Rightarrow -(1+h_{fb})i_c=h_{fb}i_b+h_{ob}v_{be} \end{cases} \quad (6.15)$$

が得られる．v_{be} と i_c を交互の式に代入（消去）すれば

$$\begin{cases} (1-h_{rb})v_{be}=h_{ib}\left(i_b-\dfrac{h_{fb}i_b+h_{ob}v_{be}}{1+h_{fb}}\right) \Rightarrow h_{ie}=\dfrac{v_{be}}{i_b}\bigg|_{v_{ce}=0}=\dfrac{h_{ib}}{h_{ib}h_{ob}+(1+h_{fb})(1-h_{rb})} \\ -(1+h_{fb})i_c=h_{fb}i_b+h_{ob}\dfrac{h_{ib}(i_b+i_c)}{1-h_{rb}} \Rightarrow h_{fe}=\dfrac{i_c}{i_b}\bigg|_{v_{ce}=0}=\dfrac{-h_{ib}h_{ob}-h_{fb}(1-h_{rb})}{h_{ib}h_{ob}+(1+h_{fb})(1-h_{rb})} \end{cases}$$

$$(6.16)$$

が求まる．

つぎに，h_{re} と h_{oe} を求めるため，$i_b=0$ の場合を考える．$i_e=-i_c$ と $v_{cb}=v_{ce}-v_{be}$ を式 (6.3) に代入して

$$\begin{cases} -v_{be}=-h_{ib}i_c+h_{rb}(v_{ce}-v_{be}) \Rightarrow (1-h_{rb})v_{be}=h_{ib}i_c-h_{rb}v_{ce} \\ i_c=-h_{fb}i_c+h_{ob}(v_{ce}-v_{be}) \Rightarrow (1+h_{fb})i_c=h_{ob}(v_{ce}-v_{be}) \end{cases} \quad (6.17)$$

が得られる．v_{be} と i_c をたがいの式に代入して

$$\begin{cases} (1-h_{rb})v_{be}=h_{ib}\dfrac{h_{ob}(v_{ce}-v_{be})}{1+h_{fb}}-h_{rb}v_{ce} \Rightarrow h_{re}=\dfrac{v_{be}}{v_{ce}}\bigg|_{i_b=0}=\dfrac{h_{ib}h_{ob}-h_{rb}(1+h_{fb})}{h_{ib}h_{ob}+(1+h_{fb})(1-h_{rb})} \\ (1+h_{fb})i_c=h_{ob}\left(v_{ce}-\dfrac{h_{ib}i_c-h_{rb}v_{ce}}{1-h_{rb}}\right) \Rightarrow h_{oe}=\dfrac{i_c}{v_{ce}}\bigg|_{i_b=0}=\dfrac{h_{ob}}{h_{ib}h_{ob}+(1+h_{fb})(1-h_{rb})} \end{cases}$$

$$(6.18)$$

がそれぞれ求まる． ☆

CE 型より CC 型 h パラメータを求める換算式を式 (6.19) に示す.

$$h_{ic} = h_{ie} \; ; \; h_{rc} = 1 - h_{re} \; ; \; h_{fc} = -(h_{fe}+1) \; ; \; h_{oc} = h_{oe} \qquad (6.19)$$

CE 型と CB 型間の換算式 (6.13) または式 (6.14) と比べて，式 (6.19) は簡単で，CE 型と CC 型の各 h パラメータは単一に対応しており，かつたがいに対称的な関係式となっている．これは，式 (6.1) と式 (6.3) および図 6.2 と図 6.4 をそれぞれ比較すればわかるように，CE 型と CC 型の接続は，BJT の共通端子と出力端子の入れ替えた形となり，h パラメータ関係式の二つの変数中一つ（入力電流 i_b）が同様で，もう一つ（出力電圧 v_{ce} または v_{ec}）は極性反転のみ異なることに理由がある．

6.1.4 各種接続方式の h パラメータの特徴

具体的な BJT 素子によってその入出力特性が異なり，さらに，h パラメータは，BJT の入出力特性曲線上の Q 点（動作点）での接線の傾きであるため，Q 点のバイアス状況によって変化する．しかし，一般的に，回路中で BJT の Q 点はその能動領域（active region）に設定され，表 6.2 に示すように，各 h

表 6.2　BJT の h パラメータの一般的な特徴

接続方式	名　称	値の特徴（代表数値）	回路解析における扱い
CE	h_{ie}	大きい（十数 kΩ 程度）	
	h_{re}	非常に小さい（10^{-4} 程度）	無視する場合がある
	h_{fe}	大きい（数十〜200 程度）	
	h_{oe}	非常に小さい（10^{-5} S 程度）	無視する場合がある
CB	h_{ib}	小さい（数十〜200 Ω 程度）	
	h_{rb}	非常に小さい（10^{-3} 程度）	無視する場合がある
	h_{fb}	>-1 かつ ≈ -1	
	h_{ob}	非常に小さい（10^{-7} S 程度）	無視する場合がある
CC	h_{ic}	大きい（十数 kΩ 程度）	
	h_{rc}	ほぼ 1	
	h_{fc}	負の値で絶対値が大きい（-200〜$-$数十程度）	
	h_{oc}	非常に小さい（10^{-5} S 程度）	無視する場合がある

パラメータにおいて一般的な特徴がある。

ここで，CE 型を例として，h_{re} または h_{oe} を無視する場合での h パラメータ等価回路を図 6.6 に示す。

（a）h_{re} を無視する場合

（b）h_{re} と h_{oe} を無視する場合

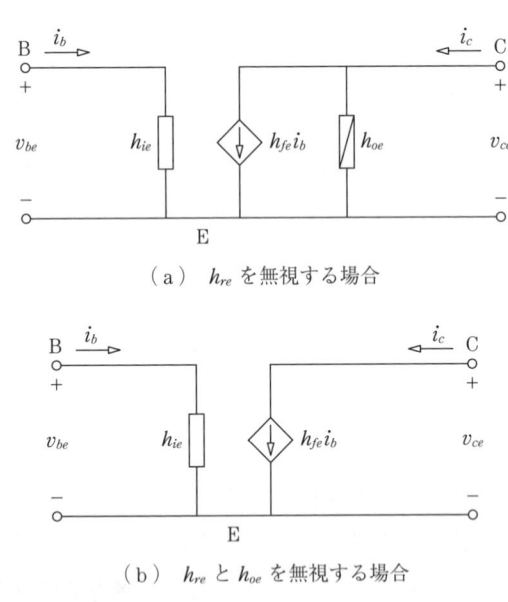

図 6.6　簡略化した CE 型 h パラメータ等価回路

h_{re} は制御電圧源の係数であり，「0」と近似すれば電圧源の無効化に等しいので「短絡」として扱われる。また，この制御電圧源を無視することで回路解析が比較的に簡単になるので，特に複雑な回路を解析する場合では h_{re} を無視することが多い。一方，h_{oe} はコンダクタンス（conductance）であり，「0」と近似すれば「無限大の抵抗」と等しく「断線」として扱われる。

6.2　BJT の T 形等価回路

h パラメータは，BJT の入出力電圧電流特性と一致するメリットがある反面，接続方式が変化すれば h パラメータも変化するという煩雑さもある。そこで，BJT 回路解析において，直観的に BJT の三つの端子に対応できる **T 形**

6.2 BJTのT形等価回路   153

等価回路（rパラメータ等価回路とも呼ぶ）が用いられる場合もある．本書では，T形等価回路を用いた回路解析の詳細は省略するが，T形等価回路の基本的な概念と考え方を紹介する．

3章で述べたように，BJTの物理的な構造は2組のpn接合となり，コレクタ電流はエミッタ電流のα倍であるから，BJT素子は**図6.7**のように表すことができる．

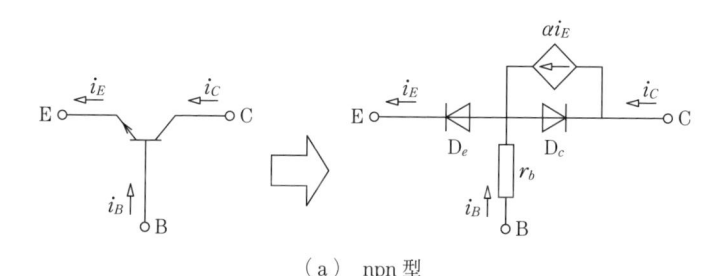

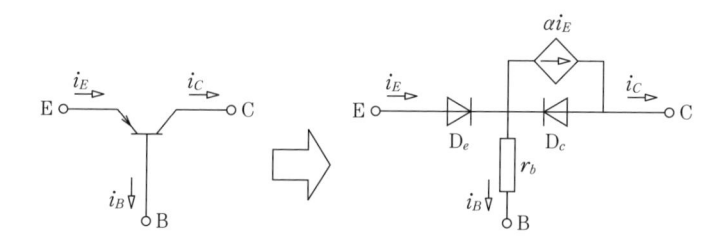

（a） npn型

（b） pnp型

図6.7 BJTのT形等価回路

2.5節で述べたように，交流小信号に対し，ダイオードは，直流バイアス動作点での電圧電流特性の傾きの逆数である抵抗に等しくなるので，BJTのT形交流等価回路は**図6.8**のように表すことができる．

ここで，交流電流極性の定義についてはつぎの条件を満足すれば，npn型とpnp型の両方とも同じく図6.8で表される．

◇ $i_e = i_b + i_c$ を満たすこと
◇ 制御電流源 αi_e の方向は i_e と同様であること

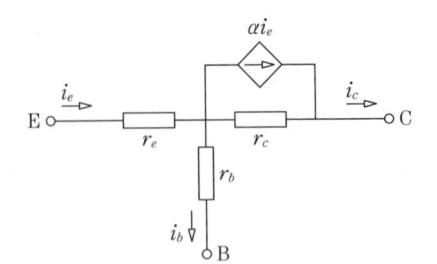

図6.8 BJTのT形等価回路

以下に，T形等価回路の各パラメータとhパラメータとの関係を考える。図6.8をCB型の2ポート回路網とみなし，zパラメータの形式で表せば

$$\begin{cases} v_{eb} = r_e i_e + r_b i_b = (r_e + r_b) i_e + r_b (-i_c) \\ v_{cb} = r_c(\alpha i_e - i_c) + r_b i_b = (\alpha r_c + r_b) i_e + (r_b + r_c)(-i_c) \end{cases} \quad (6.20)$$

となり，zパラメータと比較すれば

$$z_{11} = r_e + r_b, \quad z_{12} = r_b, \quad z_{21} = \alpha r_c + r_b, \quad z_{22} = r_b + r_c \quad (6.21)$$

が得られる。また，式(5.30)を参考にして，zパラメータをCB型hパラメータにより

$$z_{11} = h_{ib} - \frac{h_{rb} h_{fb}}{h_{ob}}, \quad z_{12} = \frac{h_{rb}}{h_{ob}}, \quad z_{21} = \frac{h_{fb}}{h_{ob}}, \quad z_{22} = \frac{1}{h_{ob}} \quad (6.22)$$

と表すと，式(6.21)と比較してT形等価回路の各パラメータとCB型hパラメータ相互の換算式がつぎのように求められる。

$$r_b = \frac{h_{rb}}{h_{ob}}, \quad r_e = h_{ib} - \frac{h_{rb}}{h_{ob}}(1 + h_{fb}), \quad r_c = \frac{1 - h_{rb}}{h_{ob}}, \quad \alpha = -\frac{h_{fb} + h_{rb}}{1 - h_{rb}} \quad (6.23)$$

$$h_{ib} = r_e + r_b - \frac{r_b(\alpha r_c + r_b)}{r_b + r_c}, \quad h_{rb} = \frac{r_b}{r_b + r_c}, \quad h_{fb} = -\frac{\alpha r_c + r_b}{r_b + r_c}, \quad h_{ob} = \frac{1}{r_b + r_c} \quad (6.24)$$

また，CB型とCE型hパラメータの換算を参考にし，T形等価回路の各パラメータとCE型hパラメータ相互の換算式がつぎのように得られる。

6.2 BJT の T 形等価回路

$$r_b = h_{ie} - \frac{h_{re}}{h_{oe}}(1 + h_{fe}), \quad r_e = \frac{h_{re}}{h_{oe}}, \quad r_c = \frac{1 + h_{fe}}{h_{oe}}, \quad \alpha = \frac{h_{fe} + h_{re}}{1 + h_{fe}} \quad (6.25)$$

$$\begin{cases} h_{ie} = r_e + r_b + \dfrac{r_e(\alpha r_c - r_e)}{r_c(1-\alpha) + r_e}, & h_{re} = \dfrac{r_e}{r_c(1-\alpha) + r_e} \\ h_{fe} = \dfrac{\alpha r_c - r_e}{r_c(1-\alpha) + r_e}, & h_{oe} = \dfrac{1}{r_c(1-\alpha) + r_e} \end{cases} \quad (6.26)$$

式 (6.23)〜式 (6.26) は厳密解であり，表 6.2 に示した各 h パラメータの特徴を考慮すると，T 形等価回路の各パラメータは次式のように近似できる．

$$r_b \approx h_{ie}, \quad r_e \approx 0, \quad r_c \approx \infty, \quad \alpha \approx -h_{fb} \approx \frac{h_{fe}}{1 + h_{fe}} \quad (6.27)$$

ここで，r_e と r_c の近似値については，つぎの考え方とも一致している．BJT の能動領域に直流バイアスを加えることで，図 6.7 に示した等価回路中のダイオード D_e と D_c に加わるバイアス電圧がそれぞれ順方向（導通状態）と逆方向（遮断状態）となるので，これらの交流等価抵抗もそれぞれ 0 と ∞ に近似できる．また，α の近似値は，3 章に述べた BJT のコレクタ-エミッタ電流比と一致していることがわかる．

T 形等価回路のメリットの一つとして，BJT の各端子と直接対応しているので，原則的にはどの接続方式でも図 6.8 に示す回路で BJT を等価変換させることができ，各パラメータは変化しない．ただし，回路解析上，制御電流源の電流は回路の入力電流で表すと便利なので，その場合は図 6.8 中の αi_e と r_c の並列接続の部分を変更させる必要がある．また，テブナンの定理に基づいて，制御電流源と抵抗の並列接続を制御電圧源と抵抗の直列接続に等価変換させることもできる．したがって，例えば CE 型接続する場合，BJT の T 形等価回路は**図 6.9** に示すいくつかの変形回路で表される．

図（a）に示す r_c の電圧を検討すれば，r_m と β は式 (6.28) のように導かれる．β は，3 章に述べた BJT のコレクタ-ベース電流比に近似できることがわ

(a)

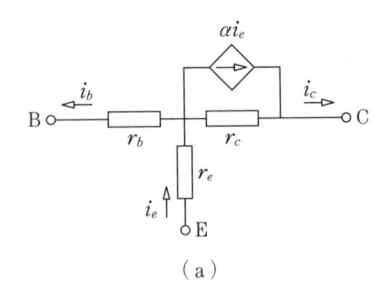

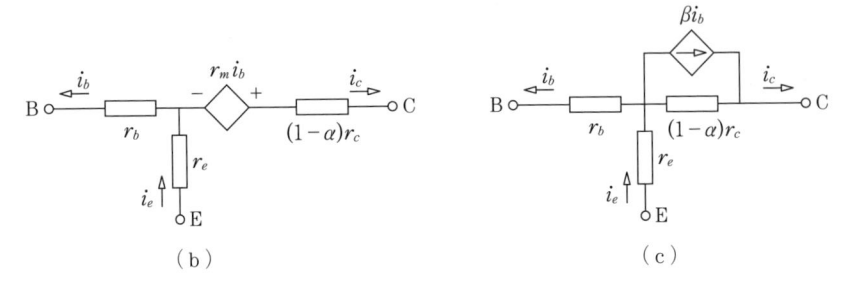

(b) (c)

図 6.9 CE 型 BJT の T 形等価回路

かる。

$$\begin{cases} r_m = \alpha r_c = \dfrac{h_{fe} + h_{re}}{h_{oe}} = -\dfrac{h_{fb} + h_{rb}}{h_{ob}} \approx -\dfrac{h_{fb}}{h_{ob}} \approx \dfrac{h_{fe}}{h_{oe}} \\ \beta = \dfrac{\alpha}{1-\alpha} = \dfrac{h_{fe} + h_{re}}{1 - h_{re}} = -\dfrac{h_{fb} + h_{rb}}{1 + h_{fb}} \approx -\dfrac{h_{fb}}{1 + h_{fb}} \approx h_{fe} \end{cases} \quad (6.28)$$

図 (c) の回路は，各パラメータを $r_b \approx h_{ie}$, $r_e \approx 0$, $r_c \approx \infty$, $\beta \approx h_{fe}$ とそれぞれ近似すれば，**図 6.10** となり，図 6.6 (b) に示した簡略化した CE 型 h パラメータ等価回路と同等であることがわかる。

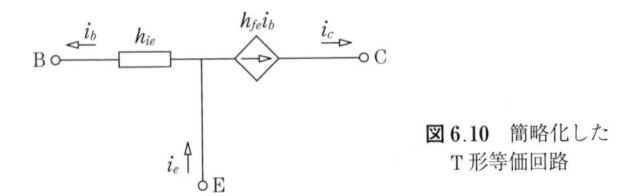

図 6.10 簡略化した T 形等価回路

CC 型接続の場合，CE 型と入力端子が同じなので，その T 形等価回路は，図 6.11 に示すように，図 6.9（b）と図（c）と同等である。

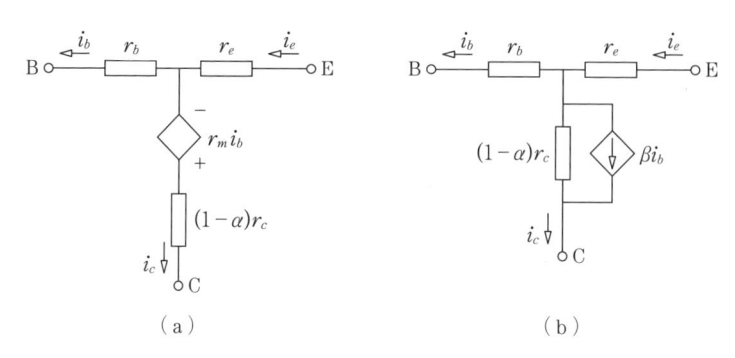

図 6.11 CC 型 BJT の T 形等価回路

6.3 BJT 増幅回路の基本特性

CE 型，CB 型，CC 型の 3 種類のそれぞれの接続方式の h パラメータの特徴によって，これら増幅回路の基本特性も異なるので，トランジスタ増幅回路の目的に応じて，適切な接続方式が用いられている。本節では，各種接続方式の基本回路とそれらの性能特徴を紹介する。

6.3.1 各種接続方式の基本回路

図 6.12 〜図 6.14 に，交流信号に対する BJT を中心とした各接続方式の基

（a）基本接続　　　　　　（b）パラメータ等価回路

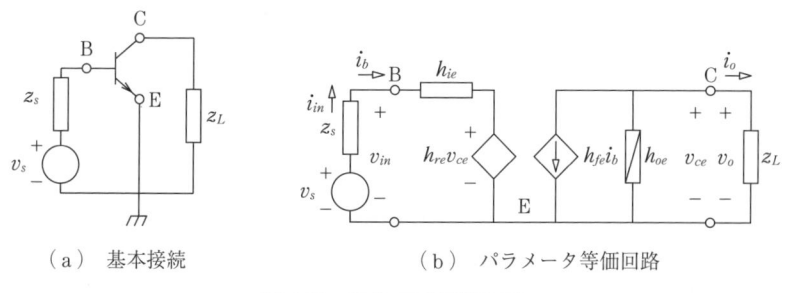

図 6.12 基本 CE 型増幅回路

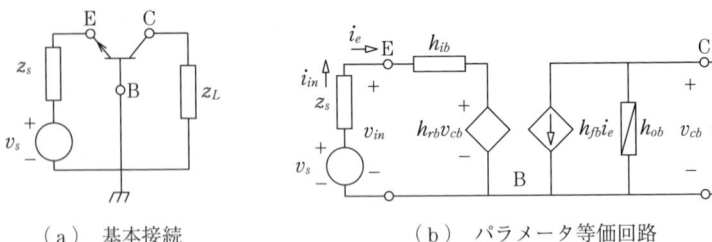

　　　　　　　（a）基本接続　　　　　　　　　　（b）パラメータ等価回路

図 6.13　基本 CB 型増幅回路

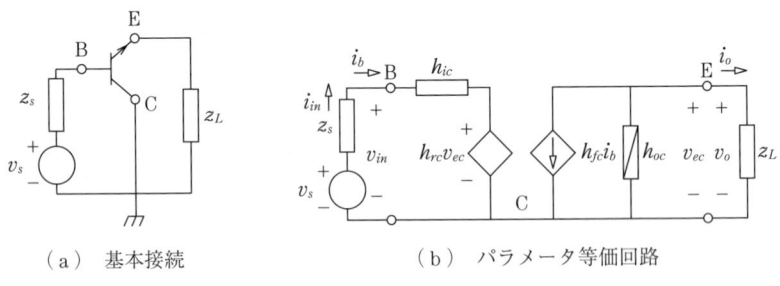

　　　　　　　（a）基本接続　　　　　　　　　　（b）パラメータ等価回路

図 6.14　基本 CC 型増幅回路

本増幅回路を示す。

ここで，CC 型の場合では，CE 型 h パラメータを利用して，**図 6.15** のように変形することもできる。

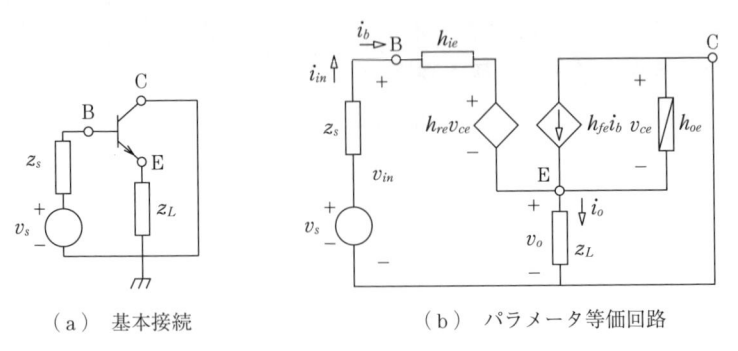

　　　　　　　（a）基本接続　　　　　　　　　　（b）パラメータ等価回路

図 6.15　変形した基本 CC 型増幅回路

図よりわかるように，出力電圧は入力電圧より v_{be} だけ低くなるが，v_{be} はかなり小さく結果的に入力電圧とほぼ等しく追従するものであるため，CC 型

BJT 増幅回路は，**エミッタホロワ**（emitter follower）とも呼ばれる。

6.3.2 基本増幅回路性能の h パラメータ表現

接続方式による h パラメータの違いを除けば，図 6.12 〜 図 6.14 に示す各 h パラメータ等価回路は図 5.20 と同様であることがわかる。このように h パラメータ等価回路を用いて解析することで，これら基本増幅回路の性能は，つぎのような共通の式で表される。

- 電流増幅度： $A_i = \dfrac{i_o}{i_{in}} = \dfrac{-h_f}{1 + h_o z_L}$ \hfill (6.29)

- 電圧増幅度： $A_v = \dfrac{v_o}{v_{in}} = \dfrac{-h_f z_L}{h_i + z_L(h_i h_o - h_f h_r)}$ \hfill (6.30)

- 入力インピーダンス： $z_{in} = \dfrac{v_{in}}{i_{in}} = h_i - \dfrac{h_r h_f z_L}{1 + h_o z_L}$ \hfill (6.31)

- 出力インピーダンス： $z_o = \dfrac{v_d}{i_d} = \dfrac{h_i + z_s}{(h_i + z_s) h_o - h_r h_f}$ \hfill (6.32)

具体的な接続によって，これらの式の中で，その接続方式の各 h パラメータを置き換えればよい。

例題 6.3 図 6.13 に示す CB 型増幅回路において，BJT の各パラメータを， $h_{ib} = 100\ \Omega$, $h_{rb} = 0.001$, $h_{fb} = -0.99$, $h_{ob} = 0.2\ \mu\mathrm{S}$ とするとき， $z_s = 50\ \Omega$, $z_L = 50\ \mathrm{k}\Omega$ とした場合の電流増幅度，電圧増幅度，入力インピーダンス，出力インピーダンスをそれぞれ求めよ。

【**解答**】 式 (6.29) 〜 式 (6.32) に CB 型 BJT の h パラメータを代入し，つぎのように求まる。

$$A_i = \frac{-h_{fb}}{1 + h_{ob} z_L} = \frac{0.99}{1 + 0.2 \times 10^{-6} \times 50 \times 10^3} = 0.98$$

$$A_v = \frac{-h_{fb} z_L}{h_{ib} + z_L(h_{ib} h_{ob} - h_{fb} h_{rb})} = \frac{0.99 \times 50 \times 10^3}{100 + 50 \times 10^3 \times (100 \times 0.2 \times 10^{-6} + 0.99 \times 0.001)}$$
$$= 328.90$$

$$z_{in} = h_{ib} - \frac{h_{rb} h_{fb} z_L}{1 + h_{ob} z_L} = 100 + \frac{0.001 \times 0.99 \times 50 \times 10^3}{1 + 0.2 \times 10^{-6} \times 50 \times 10^3} = 149.45\ \Omega$$

$$z_o = \frac{h_{ib} + z_s}{(h_{ib} + z_s)h_{ob} - h_{rb}h_{fb}} = \frac{100 + 50}{(100 + 50) \times 0.2 \times 10^{-6} + 0.001 \times 0.99} = 147.06 \text{ k}\Omega$$

☆

6.3.3 各種接続方式の BJT 増幅回路の一般的な特徴

5.2節と5.3節にも述べたように，増幅回路の各性能の具体的な数値結果は，その h パラメータのみならず，この増幅回路に対する前段回路網の出力インピーダンス（または信号源の内部インピーダンス）と後段回路網の入力インピーダンス（または負荷インピーダンス）にも関係している。ただし，表6.2に示したように，BJTの接続方式によってその h パラメータにそれぞれ明確な特徴があるので，BJT基本増幅回路の性能は，その接続方式によってそれぞれの特徴がある。

表6.3に，BJTの接続方式による増幅回路の一般的な特徴をまとめている。応用回路システムにおいては，信号の流れとこれらの特徴に合わせて，適切な接続方式の増幅回路が用いられている。

表6.3 BJT 接続方式による増幅回路の一般的な特徴

性能項目	CE 型接続	CB 型接続	CC 型接続
電圧利得	大・逆相*	かなり大きい	1よりわずかに小さい
電流利得	大・逆相*	1より少し小さい	かなり大きい
入力インピーダンス	中	小	大
出力インピーダンス	中	大	小

＊注：「逆相」とは，利得の値が負であり，入力信号に対し出力信号の位相が反転すること

6.4 応用 BJT 増幅回路の h パラメータ等価解析

トランジスタの応用増幅回路では，直流バイアスのための直流電源と抵抗，交流信号のための信号源（前段回路網の出力）と負荷インピーダンス（後段回路網の入力インピーダンス）およびキャパシタなどがトランジスタに接続されている。3章と4章に説明したように，回路中に流れる電流は直流成分と交流

成分を合成したものであり，回路解析においては，直流成分と交流成分を分けて考える必要がある．直流成分は，「信号」としての情報を持っていないが，交流信号をうまく処理するよう，非線形素子（ダイオードやトランジスタ）の適切な特性領域を利用する（非線形素子をうまく働かせる）ためである．

本節では，適切な直流バイアスがかけられていることを前提とし，交流信号を対象に，BJTのhパラメータを利用した応用増幅回路の解析方法を紹介する．

6.4.1　中間的周波数領域における回路素子の扱い方

中間的周波数領域の交流小信号に対し，BJT素子をhパラメータ回路に等価変換できることは，おもに6.1節で述べた．ここでまずは，回路中のBJT以外の素子の扱い方について紹介する．

〔1〕**直流電源**　直流電圧源は，二つの端子間の電位差をつねに一定の値とする素子である．図6.16に示すように，直流電圧源の片側の電位（対地電圧）が交流で変動する場合，その反対側の電位も同様に変動するはずなので

◆直流電圧源は，交流信号に対して「短絡」に等しい．特に，直流電圧源の片側が接地される場合，その反対側も「接地」として扱う．

直流電流源は，実際の応用回路にはほとんど使われていないが，理論上では

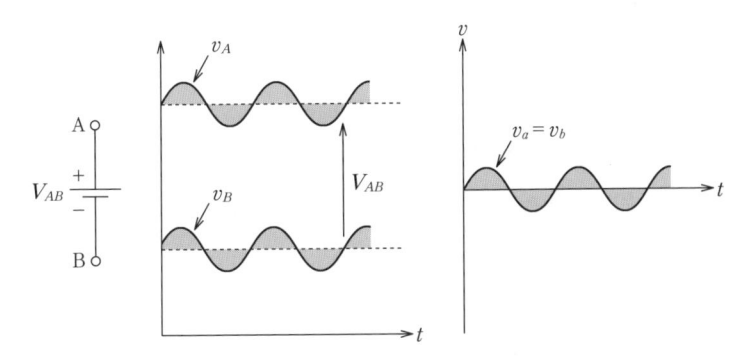

図6.16　直流電圧源の交流特性

交流信号に対して無効化，すなわち「断線」として扱われる。

〔2〕 **キャパシタ** 役割によって，おもに2種類のキャパシタが，トランジスタ増幅回路の中によく使われている。4章にも述べたように，直流負荷と交流負荷を調整するため，ある抵抗と並列に接続されているものをバイパスキャパシタといい，BJT回路の直流バイアス成分がその前段と後段回路網に影響しないように，交流信号の入出力端に直列に接続されているものをカップリングキャパシタという。キャパシタのインピーダンスの大きさ $X_C=1/\omega C$ となるので，ωC の値が十分に大きければ，$X_C=0$ と近似できる。実際のトランジスタ増幅回路では，この2種類には容量の大きいキャパシタを使用するのが一般的である。また，本章では，5章5.2節に述べた中間的周波数領域を対象としているので

◆キャパシタは，交流信号に対して「短絡素子」として扱う。

〔3〕 **ダイオード** ダイオードは，非線形素子であるが，2章に説明したように，小振幅の交流信号に対し，一つの「抵抗器」として扱える。その抵抗値は，当該ダイオードに与えられている直流動作点（Q点）での電流-電圧特性の傾きの逆数である。

〔4〕 **インダクタ** インダクタは，内部抵抗や素子の大きさなどの問題でBJT増幅回路にはあまり使われていないが，理論上では $X_L=\omega L$ なので，ωL の値が十分に大きければ交流信号に対して「断線素子」とみなせる。

6.4.2　BJT応用増幅回路の交流等価回路

BJT増幅回路の交流特性を解析・評価するためには，まず回路全体を交流信号に対して等価回路に変換する必要がある。交流等価回路を作成するには，おもに以下の手順（step1.〜3.）に従えばよい。

step1.　BJT以外の回路素子を交流等価変換する。

回路中に含まれている直流電源，キャパシタなどを，前述の方法で扱う。

step2.　BJTの接続方式を確認する。

実際の応用上，目的に応じてBJTの接続方式を選ぶ作業は，回路設計の段

6.4 応用 BJT 増幅回路の h パラメータ等価解析

階にあるが，与えられた回路を解析するためには，この手順が必要かつ重要である．接続方式を判断するには，つぎのチェックポイント（①）は原則であるが，共通端子が接地される回路においては，チェックポイント（②）が便利である．

　　チェックポイント（①）：入力信号（または前段出力）につながる入力端子，および出力負荷（または後段入力）につながる出力端子を確認する．

　　チェックポイント（②）：接地する端子を確認する．

step3.　　BJT 素子を該当する h パラメータ等価回路に置き換える．

信号の流れをわかりやすくするため，必要に応じて，BJT 素子の h パラメータ等価回路を中心に，ほかの回路素子を入出力側ごとに整理して回路全体の交流等価回路を完成させる．

例題 6.4　図 6.17 に示す BJT 増幅回路の交流小信号等価回路を作成せよ．

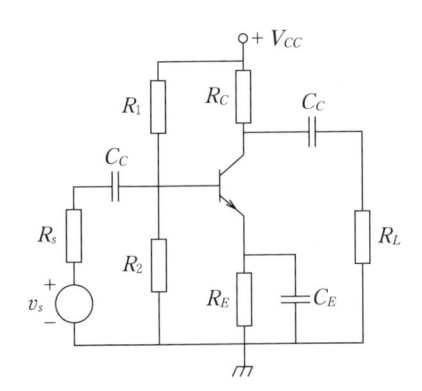

図 6.17　例題 6.4

【解答】　まず，図 6.18 に示すとおり，BJT 以外の回路素子（直流電圧源「$+V_{CC}$」を含む）を交流信号に対して等価変換する．

つぎに，BJT の接続方式の判断と BJT を中心に入出力側の素子の整理を行う．図 6.18 より得られた結果をもとに，図 6.19 に示すように，信号源・負荷抵抗・アースと BJT など回路素子の各端子のつながり方を確認する．

表 6.4 に，図 6.19 より確認される BJT をはじめとする各回路素子の接続状態とそれに適する交流等価回路の扱い方を示す．

6. 小信号トランジスタ増幅回路

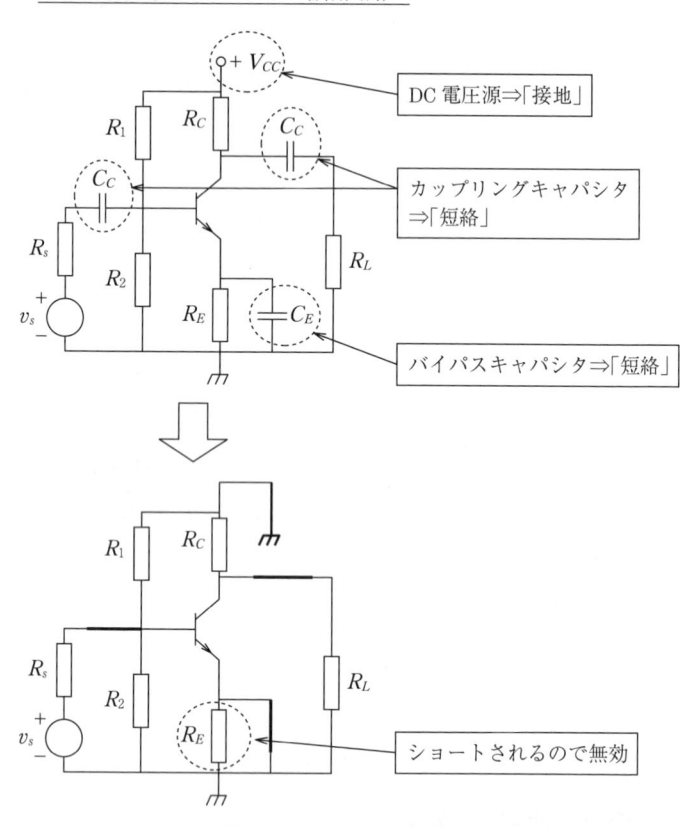

図 6.18 例題 6.4 解答（図 6.17 の BJT 以外の素子の交流等価変換）

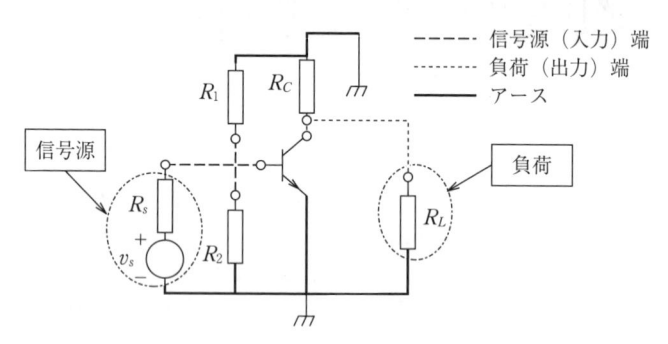

図 6.19 例題 6.4 解答（図 6.18 の入・出力端とアースの確認）

6.4 応用 BJT 増幅回路の h パラメータ等価解析

表 6.4 例題 6.4 解答

回路素子	接続状態	交流等価対応
BJT	B：入力端，C：出力端，E：アース	CE 型 h パラメータ回路
R_1	入力-アース間	入力側
R_2	入力-アース間	入力側
R_C	出力-アース間	出力側

最後に，BJT を中心に，信号源を一番左側，負荷抵抗を一番右側，ほかの素子を表 6.4 に示すように扱い，全体の交流小信号等価回路を図 6.20 に示すように完成させる。

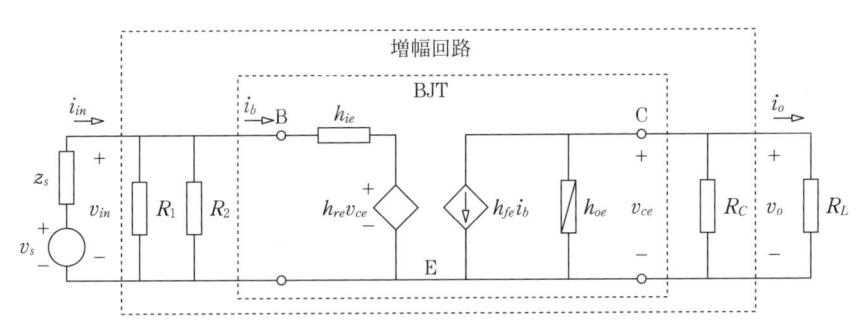

図 6.20 例題 6.4 解答（図 6.17 の交流小信号等価回路） ☆

6.4.3 BJT 応用増幅回路の性能評価

5.2 節で述べたように，増幅器の基本性能は，おもに増幅回路の入出力電圧電流の関係から決められる。交流小信号の場合では，BJT を含めてすべての回路素子が線形素子として扱えるので，これらの電圧電流は線形関係（ある電圧または電流は，ほかの電圧または電流に比例する）を持っている。一般的に，h パラメータの都合上，BJT の入力電流を自由変数としてほかの電圧電流を表すと便利である。また，実用の場合，計算の便宜上，h_{re} または h_{rb} を 0 と近似することが多い。

例題 6.5 図 6.20 に示す増幅回路の以下の各性能を求めよ。

① 電圧増幅度，② 電流増幅度，③ 入力インピーダンス，④ 出力インピーダンス

6. 小信号トランジスタ増幅回路

【解答】 電圧増幅度，電流増幅度，入力インピーダンスは，図 6.20 の入出力電圧電流である v_{in}, v_o, i_{in}, i_o の比例係数となるため，まずこれらを BJT の入力電流 i_b を用いて表す式を導く。

図 6.20 より変形した**図 6.21** に示すように，右側は $h_{fe}i_b$ の電流源が $h_{oe}^{-1} /\!/ R_C /\!/ R_L$ の三つの並列抵抗を駆動するものとなっているので

$$v_o = -\left(h_{oe}^{-1} /\!/ R_C /\!/ R_L\right) h_{fe} i_b = \frac{-h_{fe} i_b}{h_{oe} + \frac{1}{R_C} + \frac{1}{R_L}} = \frac{-R_C R_L h_{fe}}{R_C R_L h_{oe} + R_C + R_L} i_b \quad (6.33)$$

$$i_o = \frac{v_o}{R_L} = \frac{-R_C h_{fe}}{R_C R_L h_{oe} + R_C + R_L} i_b \quad (6.34)$$

が得られる。

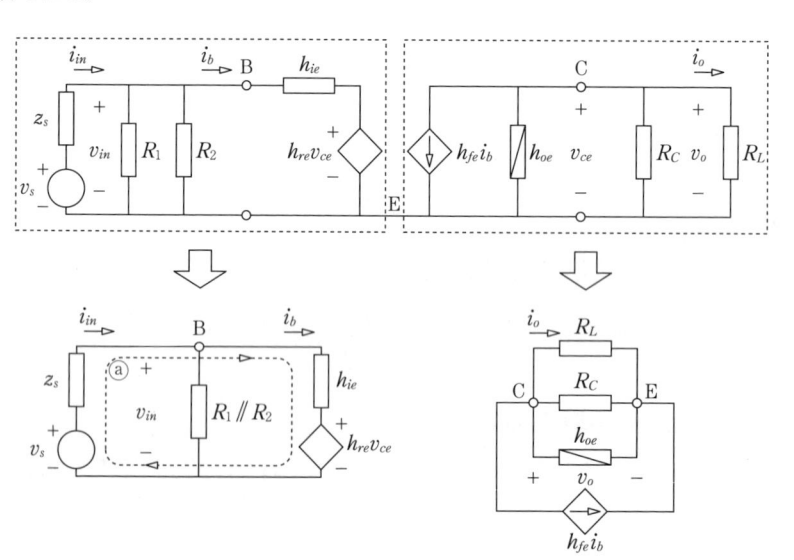

図 6.21 例題 6.5 解答（図 6.20 の変形回路）

一方，左側変形回路の ⓐ ループにおける KVL より

$$v_{in} = h_{ie} i_b + h_{re} v_{ce} = h_{ie} i_b + h_{re} v_o = \left(h_{ie} - \frac{R_C R_L h_{fe} h_{re}}{R_C R_L h_{oe} + R_C + R_L}\right) i_b \quad (6.35)$$

が得られる。また，点 B における KCL より

$$i_{in} = \frac{v_{in}}{R_1 /\!/ R_2} + i_b = \frac{(R_1 + R_2)\left(h_{ie} - \dfrac{R_C R_L h_{fe} h_{re}}{R_C R_L h_{oe} + R_C + R_L}\right) + R_1 R_2}{R_1 R_2} i_b \quad (6.36)$$

が得られる。よってつぎのように求められる。

6.4 応用 BJT 増幅回路の h パラメータ等価解析   167

① 電圧増幅度

$$A_v = \frac{v_o}{v_{in}} = \frac{-R_C R_L h_{fe}}{h_{ie}(R_C R_L h_{oe} + R_C + R_L) - R_C R_L h_{fe} h_{re}} \quad (6.37)$$

② 電流増幅度

$$A_i = \frac{i_o}{i_{in}} = \frac{-R_1 R_2 R_C h_{fe}}{(R_1 h_{ie} + R_2 h_{ie} + R_1 R_2)(R_C R_L h_{oe} + R_C + R_L) - (R_1 + R_2) R_C R_L h_{fe} h_{re}} \quad (6.38)$$

③ 入力インピーダンス

$$z_{in} = \frac{v_{in}}{i_{in}} = \frac{R_1 R_2 h_{ie}(R_C R_L h_{oe} + R_C + R_L) - R_1 R_2 R_C R_L h_{fe} h_{re}}{(R_1 h_{ie} + R_2 h_{ie} + R_1 R_2)(R_C R_L h_{oe} + R_C + R_L) - (R_1 + R_2) R_C R_L h_{fe} h_{re}} \quad (6.39)$$

出力インピーダンスを求めるために,まずは,5.2 節で述べたように,増幅回路の負荷抵抗を仮想駆動電圧源に置き換え,信号源を無効化することが必要である.**図 6.22** にその出力インピーダンス解析用回路を示す.

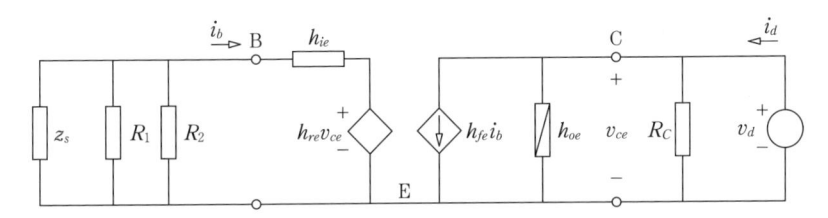

図 6.22 例題 6.5 解答(図 6.20 の出力インピーダンス解析用回路)

出力インピーダンスを求めるには,v_d, i_d を i_b より表せばよい.まず,**図 6.23** に示すように,左側を $h_{re} v_{ce}$ の電圧源が($h_{ie} + z_s /\!/ R_1 /\!/ R_2$)を駆動するものとみなせば

$$h_{re} v_{ce} = (h_{ie} + z_s /\!/ R_1 /\!/ R_2)(-i_b) \quad (6.40)$$

となる.また,$v_{ce} = v_d$ であるので

$$v_d = \frac{h_{ie} + z_s /\!/ R_1 /\!/ R_2}{h_{re}}(-i_b) = -\frac{h_{ie}(z_s R_1 + z_s R_2 + R_1 R_2) + z_s R_1 R_2}{h_{re}(z_s R_1 + z_s R_2 + R_1 R_2)} i_b \quad (6.41)$$

が得られる.また,右側の変形回路の点 C での KCL より

$$i_d = h_{fe} i_b + i_1 = h_{fe} i_b + \frac{v_d}{h_{oe}^{-1} /\!/ R_C}$$

$$= \left[h_{fe} - \frac{h_{ie}(R_C h_{oe} + 1)(z_s R_1 + z_s R_2 + R_1 R_2) + (R_C h_{oe} + 1) z_s R_1 R_2}{R_C h_{re}(z_s R_1 + z_s R_2 + R_1 R_2)} \right] i_b \quad (6.42)$$

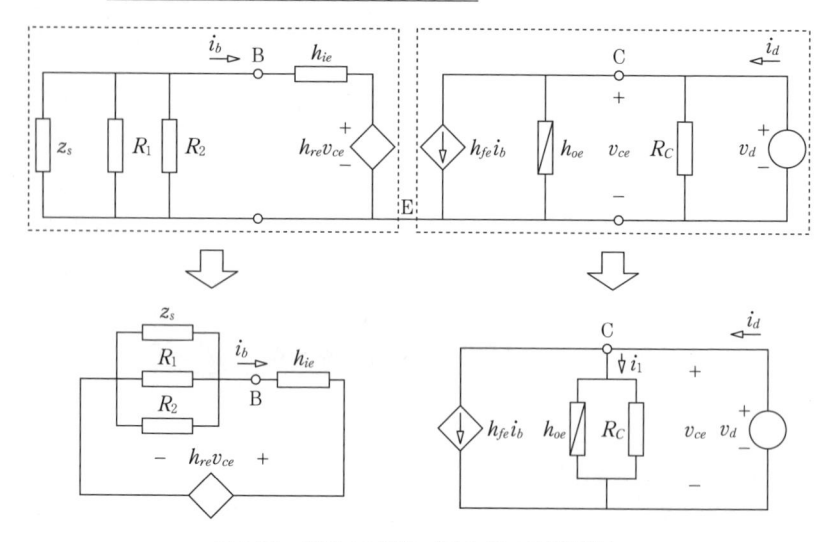

図 6.23 例題 6.5 解答（図 6.22 の変形回路）

が得られる。よって

④　出力インピーダンス

$$z_o = \frac{v_d}{i_d} = \frac{R_C h_{ie}(z_s R_1 + z_s R_2 + R_1 R_2) + z_s R_1 R_2 R_C}{(R_C h_{ie} h_{oe} + h_{ie} - h_{fe} h_{re} R_C)(z_s R_1 + z_s R_2 + R_1 R_2) + (R_C h_{oe} + 1) z_s R_1 R_2}$$

(6.43)

が求まる。　　　　　　　　　　　　　　　　　　　　　　　　　　　　☆

6.4.4　帰還型 BJT 増幅回路例

帰還（フィードバック；feedback）とは，出力の一部（電圧または電流）を入力に戻すことである。また，帰還は，戻した部分が入力と同相（強め合う）の**正帰還**（positive feedback）と逆相（弱め合う）の**負帰還**（negative feedback）に分けられている。増幅回路において，正帰還は，帰還された部分が帰還・増幅のループによって繰り返され，おもに発振回路に用いられている。一方，負帰還は，元の増幅度を低下させるが，おもに増幅回路の周波数特性の改善に効果があり，応用増幅回路によく用いられている。

本章は増幅回路の周波数特性に触れていないが，ここで，h パラメータ交流

等価回路の応用解析例として，簡単な負帰還 BJT 増幅回路を紹介する。

図 6.24（a）と**図 6.25**（a）に，最も簡単な 2 種類の負帰還 BJT 増幅回路を示す。いずれも BJT 増幅回路に一つの帰還抵抗 R_f を加えたものである。交流信号に対し，これらの帰還抵抗と本来の基本増幅回路の接続関係をわかりやすくするため，図 6.24（b）と図 6.25（b）にそれぞれの変形回路を示している。

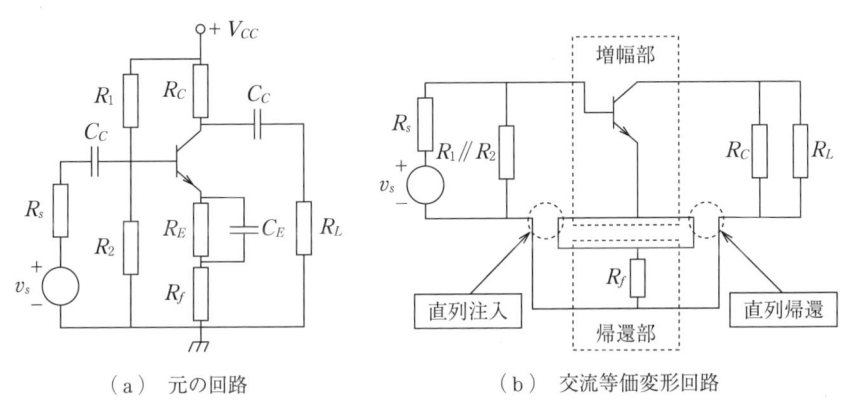

（a）元の回路　　　　　　　（b）交流等価変形回路

図 6.24　直列帰還直列注入（電流帰還）型負帰還増幅回路例

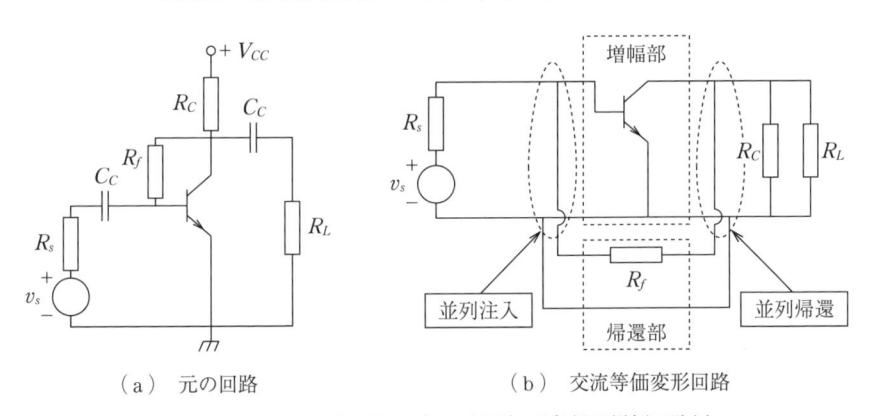

（a）元の回路　　　　　　　（b）交流等価変形回路

図 6.25　並列帰還並列注入（電圧帰還）型負帰還増幅回路例

図 6.24（b）に示すように，帰還成分は増幅回路の出力側・入力側との接続関係がともに直列であるため，**直列帰還直列注入**と呼ぶ。また，この接続関係から，帰還成分は出力電流の一部となるため，**電流帰還**ともいう。

170   6. 小信号トランジスタ増幅回路

一方，図 6.25 に示す回路は，**並列帰還並列注入**，または**電圧帰還**と呼ぶ。帰還型増幅回路には，これら以外に，帰還成分が出力側と直列，入力側と並列接続の直列帰還並列注入型，また，帰還成分が出力側と並列，入力側と直列接続の並列帰還直列注入型の 2 種類もあるが，ここでは省略する。

例題 6.6　h パラメータ交流等価回路を用いて，図 6.24（a）に示す増幅回路の以下の各性能を求めよ。ただし，$h_{re}=0$ と近似する。

① 電圧増幅度，② 電流増幅度，③ 入力インピーダンス，④ 出力インピーダンス

【解答】　交流特性を求めるため，まずは図 6.24（a）の回路の h パラメータ交流等価回路を作成する。キャパシタの短絡化と直流電源の無効化を行い，図 6.25（b）のような回路が作成できる。図より，BJT の三つの端子は，いずれも直接アースに接続されていない。この場合，BJT の接続方式を判断するには，BJT の各端子と入出力信号との接続が基準となる。図より，入力信号（z_s と v_s の直列）と直接接続されている端子は「B」であり，出力信号（R_L）と直接接続されている端子は「C」であることから，BJT は CE 型であると判断できる。

よって，$h_{re}=0$ も考慮に入れ，**図 6.26** に示すように，図 6.24（a）の h パラメータ交流等価回路が作成される。

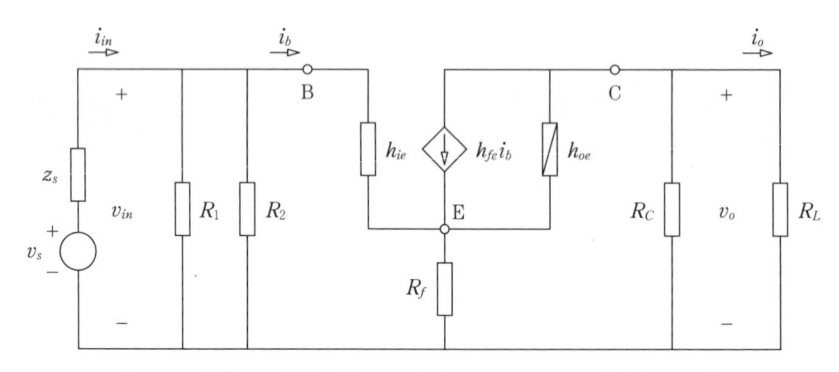

図 6.26　例題 6.6 解答（図 6.24（a）の h パラメータ交流等価回路）

帰還抵抗 R_f を入れることで，回路解析が少し複雑になるが，回路の構成上，左右の各電圧電流の関係が R_f に集中するので，R_f を中心として解きたい。また，点 B より右の部分は i_b によって駆動されていることを考慮し，まずは R_f に流れる電流と i_b の関係を解析する。

6.4 応用 BJT 増幅回路の h パラメータ等価解析

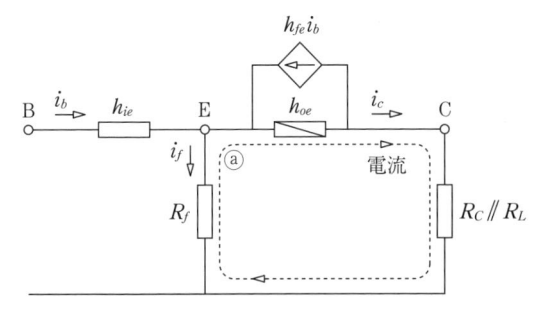

図 6.27 例題 6.6 解答（図 6.26 の点 B より右側の変形回路）

点 B より右側の回路を**図 6.27** のように描きなおす。

点 E での KCL，およびループⓐ での KVL より

$$\begin{cases} i_c = i_b - i_f \\ \dfrac{1}{h_{oe}}(i_c + h_{fe}i_b) + (R_C /\!/ R_L)i_c = R_f i_f \end{cases} \Rightarrow i_f = \dfrac{\dfrac{h_{fe}+1}{h_{oe}} + R_C /\!/ R_L}{R_f + \dfrac{1}{h_{oe}} + R_C /\!/ R_L} i_b \quad (6.44)$$

が求められる。ここで

$$\Delta = \dfrac{\dfrac{h_{fe}+1}{h_{oe}} + R_C /\!/ R_L}{R_f + \dfrac{1}{h_{oe}} + R_C /\!/ R_L} = \dfrac{(R_C + R_L)(h_{fe}+1) + h_{oe}R_C R_L}{(R_C + R_L)(h_{oe}R_f+1) + h_{oe}R_C R_L} \quad (6.45)$$

としておき

$$\begin{cases} i_f = \Delta i_b \\ i_c = (1-\Delta) i_b \end{cases} \quad (6.46)$$

を利用して，図 6.26 の点 C より右の部分から，v_o と i_o が求められる。

$$\begin{cases} v_o = (R_C /\!/ R_L) i_c = \dfrac{R_C R_L (1-\Delta)}{R_C + R_L} i_b \\ i_o = \dfrac{v_o}{R_L} = \dfrac{R_C (1-\Delta)}{R_C + R_L} i_b \end{cases} \quad (6.47)$$

つぎに，この i_f を利用して，図 6.26 の R_f より左の部分から

$$\begin{cases} v_{in} = h_{ie} i_b + R_f i_f \\ i_{in} = i_b + \dfrac{v_{in}}{R_1 /\!/ R_2} \end{cases} \Rightarrow \begin{cases} v_{in} = (h_{ie} + R_f \Delta) i_b \\ i_{in} = \dfrac{R_1 R_2 + (R_1 + R_2)(h_{ie} + R_f \Delta)}{R_1 R_2} i_b \end{cases} \quad (6.48)$$

が求まる。

式 (6.47) と式 (6.48) の結果を用いて

① 電圧増幅度

$$A_v = \frac{v_o}{v_{in}} = \frac{R_C R_L (1-\Delta)}{(R_C + R_L)(h_{ie} + R_f \Delta)} \tag{6.49}$$

② 電流増幅度

$$A_i = \frac{i_o}{i_{in}} = \frac{R_C R_1 R_2 (1-\Delta)}{(R_C + R_L)\left[R_1 R_2 + (R_1 + R_2)(h_{ie} + R_f \Delta)\right]} \tag{6.50}$$

③ 入力インピーダンス

$$z_{in} = \frac{v_{in}}{i_{in}} = \frac{R_1 R_2 (h_{ie} + R_f \Delta)}{R_1 R_2 + (R_1 + R_2)(h_{ie} + R_f \Delta)} \tag{6.51}$$

がそれぞれ求まる。

出力インピーダンスを求めるため，まず，増幅回路の負荷抵抗を仮想駆動電圧源に置き換えることおよび信号源の無効化を行う。その結果を図 6.28 に示す。

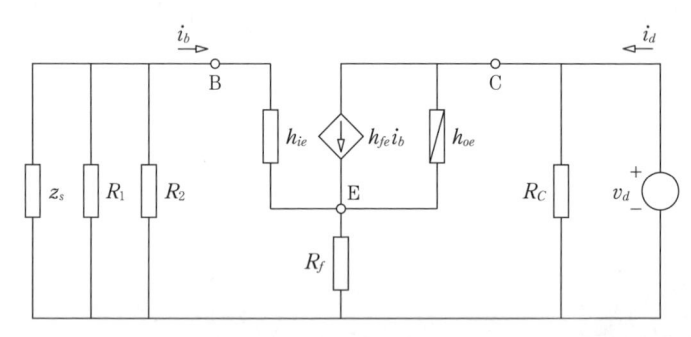

図 6.28 例題 6.6 解答（図 6.26 の出力インピーダンス解析用回路）

図の左部分は抵抗のみの構成となるため，解析の便利上，図 6.29 のように変形させて考える。

回路は右側より駆動されていることを考慮し，まず，i_f, i_c について i_b との関係を導く。ループⓐでの KVL と点 E での KCL より

$$\begin{cases} (z_s /\!/ R_1 /\!/ R_2 + h_{ie})i_b = -R_f i_f \Rightarrow i_f = -\dfrac{z_s /\!/ R_1 /\!/ R_2 + h_{ie}}{R_f} i_b \\ i_f = i_b + i_c \Rightarrow i_c = i_f - i_b = -\dfrac{z_s /\!/ R_1 /\!/ R_2 + h_{ie} + R_f}{R_f} i_b \end{cases} \tag{6.52}$$

が得られる。ここで

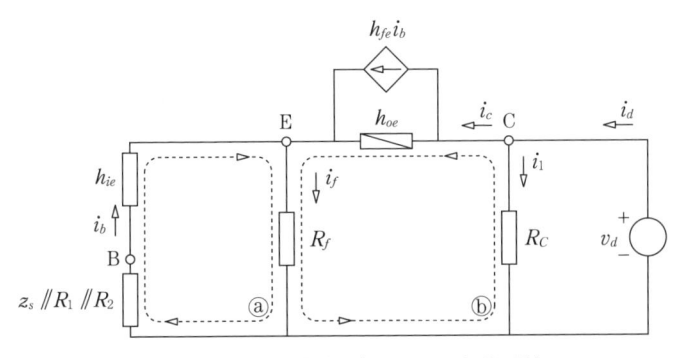

図 6.29 例題 6.6 解答（図 6.28 の変形回路）

$$X = \frac{z_s \mathbin{/\mkern-6mu/} R_1 \mathbin{/\mkern-6mu/} R_2 + h_{ie}}{R_f} = \frac{z_s R_1 R_2 + h_{ie}(z_s R_1 + z_s R_2 + R_1 R_2)}{R_f(z_s R_1 + z_s R_2 + R_1 R_2)} \qquad (6.53)$$

としておき

$$\begin{cases} i_f = -X i_b \\ i_c = -(X+1) i_b \end{cases} \qquad (6.54)$$

を利用して，i_d と i_b の関係は，ループ ⓑ の KVL と点 C の KCL より

$$\begin{cases} i_d = i_c + i_1 \Rightarrow i_1 = i_d - i_c \\ \dfrac{i_c - h_{fe} i_b}{h_{oe}} + R_f i_f = R_C i_1 = R_C(i_d - i_c) \Rightarrow i_d = -\dfrac{(h_{oe} R_C + 1)(X+1) + h_{fe} + h_{oe} R_f X}{h_{oe} R_C} i_b \end{cases}$$
$$(6.55)$$

と求められる。

さらに，R_C の電圧は v_d なので

$$v_d = R_C i_1 = R_C(i_d - i_c)$$
$$= -\frac{X + 1 + h_{fe} + h_{oe} R_f X}{h_{oe}} i_b \qquad (6.56)$$

が求められる。

④ 出力インピーダンス

式 (6.55) と式 (6.56) より

$$z_o = \frac{v_d}{i_d} = \frac{(X + 1 + h_{fe} + h_{oe} R_f X) R_C}{(h_{oe} R_C + 1)(X+1) + h_{fe} + h_{oe} R_f X} \qquad (6.57)$$

が求められる。 ☆

演 習 問 題

[6.1] 図6.3（a）に示す回路において，BJTのQ点を中心としてv_{CB}を一定に保ち，i_Eを1mA増加させたとき，v_{EB}は0.13V増加し，i_Cは0.99mA減少した。また，i_Eを一定に保ち，v_{CB}を2V増加させたとき，v_{EB}は2.4mV，i_Cは0.16µAそれぞれ増加した。このトランジスタのhパラメータh_{ib}，h_{rb}，h_{fb}，h_{ob}を求めよ。

[6.2] CE型とCC型hパラメータ関係式（6.1）と式（6.5）を用いて，CE型hパラメータよりCC型hパラメータを求める換算式（6.19）を証明せよ。

[6.3] 図6.12に示すCE型増幅器において，BJT定数は$h_{ie}=10\text{k}\Omega$，$h_{re}=0.0001$，$h_{fe}=120$，$h_{oe}=8\text{µS}$とし，$z_s=1\text{k}\Omega$，$z_L=2\text{k}\Omega$の場合での電流増幅度，電圧増幅度，入力インピーダンス，出力インピーダンスをそれぞれ求めよ。

[6.4] 図6.9に示すCE型BJTのT形等価回路において，式（6.28）に示すr_mとβの結果を含めて，図（a）は図（b）と図（c）と等価であることを証明せよ。

[6.5] 図6.30に示すBJT増幅回路のhパラメータ交流等価回路を作成せよ。

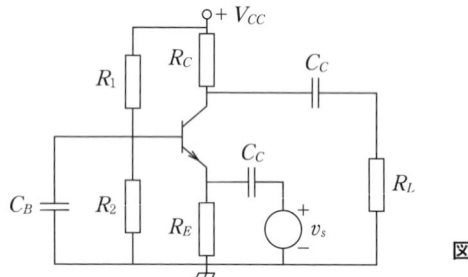

図6.30 [6.5]

[6.6] 図6.31に示す両電源のBJT増幅回路のhパラメータ等価回路を用いて，つ

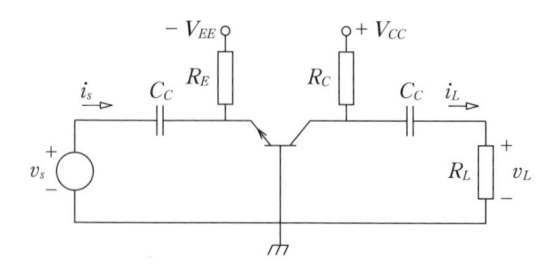

図6.31 [6.6]

ぎの各性能を求めよ。① 電圧増幅度，② 電流増幅度，③ 入力インピーダンス，④ 出力インピーダンス

[6.7]　図 6.20 に示す BJT の h パラメータ交流等価増幅回路において，$h_{re}=0$ とした場合，つぎの各性能を求めよ。① 電圧増幅度，② 電流増幅度，③ 入力インピーダンス，④ 出力インピーダンス

[6.8]　図 6.25（a）に示す回路の h パラメータ交流等価回路を用いて，つぎの各性能を求めよ。ただし，$h_{re}=0$，$h_{oe}=0$ とする。① 電圧増幅度，② 電流増幅度，③ 入力インピーダンス，④ 出力インピーダンス

演習問題の解答

1章 --

[1.1] $V_A = V/2$, $V_B = V/4$, $V_C = V/8$ [1.2] $I = 0.27$ A [1.3] $I = -5$ A [1.4] $I = 1.2$ A [1.5] $V_{Th} = 2$ V, $R_{Th} = 0.5\,\Omega$, $I_L = 0.8$ A [1.6] $V_{Th} = 3$ V, $R_{Th} = 2\,\Omega$, $I_L = 1$ A [1.7] $I_N = 1.2$ A, $Y_N = 0.6$ S, $V_L = 0.75$ V, $I_L = 0.75$ A

2章 --

[2.1] 省略 [2.2] **解図 2.1** のような波形となる。

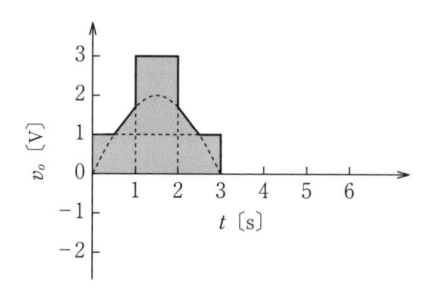

解図 2.1 [2.2]

[2.3] **解図 2.2** のような電圧電流特性となる。

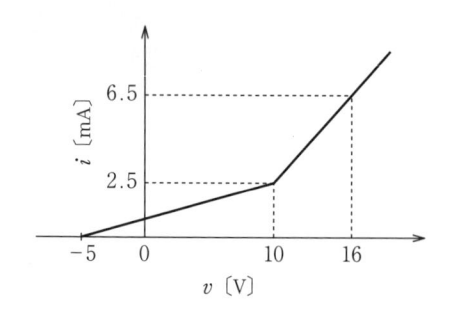

解図 2.2 [2.3]

[2.4] 図 2.36 の回路において，$V_1 = 3$ V, $V_2 = 5$ V, $R_1 = 2$ kΩ, $R_2 = 3$ kΩ とすればよい。

[2.5] 解図2.3のような入出力特性となる。

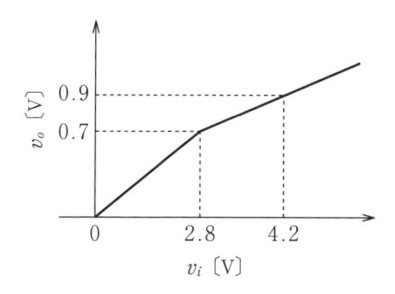

解図2.3 [2.5]

[2.6] $v_D = 1.5$ V, $i_D = 2.7$ mA
[2.7] 解図2.4のような波形となる。

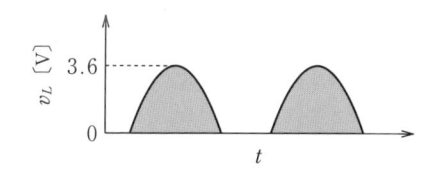

解図2.4 [2.7]

3章 --

[3.1] 省略
[3.2] ① $i_E = 160.36$ μA, $i_C = 158.36$ μA ② $\alpha = 0.988$, $\beta = 79.1$
[3.3] ① $i_C = 2$ mA ② $i_E = 2.02$ mA ③ $i_E' = 2$ mA ④ $\Delta i_E = 20$ μA
[3.4] ① $i_B = 18$ μA ② $i_E = 2.018$ mA
[3.5] 省略 [3.6] 省略

4章 --

[4.1] ① $I_{CQ} = 1.98$ mA, $I_{EQ} = 2$ mA, $R_B = 115$ kΩ, ② $V_{CEQ} = 9.04$ V
[4.2] ① $I_{CQ} = 2.5$ mA, ② $R_B = 572$ kΩ
[4.3] ① $I_{CQ} = \beta \dfrac{V_{EE} - V_{BEQ}}{R_B + (\beta + 1)R_E}$

$V_{CEQ} = V_{CC} + V_{EE} - \{\beta R_C + (\beta + 1)R_E\} \dfrac{V_{EE} - V_{BEQ}}{R_B + (\beta + 1)R_E}$

② $\beta = 50$ のとき, $I_{CQ} = 1.35$ mA, $V_{CEQ} = 11.1$ V
$\beta = 100$ のとき, $I_{CQ} = 1.49$ mA, $V_{CEQ} = 10.1$ V
[4.4] $R_E = 3$ kΩ, $R_C = 5.234$ kΩ [4.5] $R_F = 178.5$ kΩ

[4.6] ① $S_\beta = \dfrac{R_B\{V_{BB} - V_{BEQ} + (R_B + R_E)I_{CBO}\}}{(R_B + \beta R_E)^2}$

$S_I = \dfrac{\beta(R_B + R_E)}{R_B + \beta R_E}, \quad S_V = -\dfrac{\beta}{R_B + \beta R_E}$

② $\Delta I_{CQ} = 0.527$ mA

[4.7] ① $\Delta I_{CQ} = 921$ μA

② β の変化の割合 88%, I_{CBO} の変化の割合 8.22%

[4.8] $S_\beta = 28.6 \times 10^{-6}$, $\Delta I_{CQ} = 1.43$ mA

[4.9] ① $I_{CQ} = \dfrac{\beta}{\beta + 1} \dfrac{V_{EE} - V_{BEQ}}{R_E} + I_{CBO}$

② $S_\beta = \dfrac{V_{EE} - V_{BEQ}}{(\beta + 1)^2 R_E}, \quad S_I = 1, \quad S_V = -\dfrac{\beta}{(\beta + 1)R_E}$

[4.10] ① $I_{EQ2} = 53$ mA, $I_{BQ2} = 530$ μA ② $V_{CEQ1} = 6$ V, $I_{BQ1} = 5.3$ μA ③ $R_1 = 1$ MΩ

[4.11] $I_{BQ} = 14.2$ μA, $I_{EQ} = 1.42$ mA [4.12] $V_{GG} = 0.422$ V, $V_{DSQ} = -8$ V [4.13] $V_{GSQ} = 1.67$ V, $I_{DQ} = 3.39$ mA, $V_{DSQ} = 8.22$ V

5 章 --

[5.1] $z_{11} = R_1 + R_2, \quad z_{12} = R_2, \quad z_{21} = R_2, \quad z_{22} = R_2 + R_3$

[5.2] 省略

[5.3] $h_{11} = R_1, \quad h_{12} = 1 - \alpha \dfrac{R_1}{R_2}, \quad h_{21} = -1, \quad h_{22} = \dfrac{1 + \alpha}{R_2}$

[5.4] $h_{11} = z_{11} - \dfrac{z_{12}z_{21}}{z_{22}}, \quad h_{12} = \dfrac{z_{12}}{z_{22}}, \quad h_{21} = -\dfrac{z_{21}}{z_{22}}, \quad h_{22} = \dfrac{1}{z_{22}}$

[5.5] $A_i = -\dfrac{h_f}{1 + h_o z_L}$ [5.6] $z_{in} = 40$ Ω [5.7] 同 [5.5] [5.8] 同 [5.6]

6 章 --

[6.1] $h_{ib} = 130$ Ω, $h_{rb} = 1.2 \times 10^{-3}, \quad h_{fb} = -0.99, \quad h_{ob} = 0.08$ μS

[6.2] 省略

[6.3] $A_i = -118.11, \quad A_v = -23.68, \quad z_{in} = 9.98$ kΩ, $z_o = 144.74$ kΩ

[6.4] 省略 [6.5] 省略

[6.6] ① $A_v = \dfrac{v_L}{v_s} = \dfrac{R_C R_L h_{fb}}{R_C R_L h_{fb} h_{rb} - h_{ib}(R_C R_L h_{ob} + R_C + R_L)}$

② $A_i = \dfrac{i_L}{i_s} = \dfrac{R_E R_C h_{fb}}{R_C R_L h_{fb} h_{rb} - (R_E + h_{ib})(R_C R_L h_{ob} + R_C + R_L)}$

③ $z_{in} = \dfrac{v_s}{i_s} = \dfrac{R_E h_{ib}(R_C R_L h_{ob} + R_C + R_L) - R_E R_C R_L h_{fb} h_{rb}}{(h_{ib} + R_E)(R_C R_L h_{ob} + R_C + R_L) - R_C R_L h_{fb} h_{rb}}$

④ $z_o = \dfrac{v_d}{i_d} = \dfrac{R_C h_{ib}}{R_C h_{ib} h_{ob} + h_{ib} - h_{fb} h_{rb} R_C}$

[6.7] ① $A_v = \dfrac{-R_C R_L h_{fe}}{h_{ie}(R_C R_L h_{oe} + R_C + R_L)}$

② $A_i = \dfrac{-R_C R_1 R_2 h_{fe}}{(R_C R_L h_{oe} + R_C + R_L)(R_1 R_2 + h_{ie} R_1 + h_{ie} R_2)}$

③ $z_{in} = \dfrac{R_1 R_2 h_{ie}}{R_1 R_2 + h_{ie} R_1 + h_{ie} R_2}$

④ $z_o = \dfrac{R_C}{R_C h_{oe} + 1}$

[6.8] ① $A_v = -\dfrac{R_C R_L (h_{fe} - \Delta)}{h_{ie}(R_C + R_L)}$

② $A_i = -\dfrac{R_C (h_{fe} - \Delta)}{(R_C + R_L)(\Delta + 1)}$

③ $z_{in} = \dfrac{h_{ie}}{\Delta + 1}$

ただし, $\Delta = \dfrac{R_C R_L h_{fe} + h_{ie}(R_C + R_L)}{R_C R_L + R_f (R_C + R_L)}$

④ $z_o = \dfrac{R_C (h_{ie} R_s + R_s R_f + h_{ie} R_f)}{R_C R_s (h_{fe} + 1) + R_C h_{ie} + h_{ie} R_s + R_s R_f + h_{ie} R_f}$

索引

【あ】

アクセプタ	28
アドミタンス	6
アドミタンスパラメータ	126
アノード	29
安定指数	102

【い】

移相	133
インダクタ	5, 162
インダクタンス	5
インピーダンス	6
インピーダンスパラメータ	123

【え】

エミッタ共通	63, 143
エミッタ接地	63, 144
——の小信号電流増幅率	74
——の直流電流増幅率	68
エミッタ端子	57
エミッタ電流	58
エミッタホロワ	159
エンハンスメント型	81
エンハンスメントモード	81

【お】

オームの法則	7

【か】

拡散	29
重ね合わせの理	13
カソード	29
カップリングキャパシタ	96
価電子	27

【き】

帰還	168
逆バイアス	31
逆方向飽和電流	31
キャパシタ	5, 162
キャパシタンス	5
キャリヤ	28
キルヒホッフの電圧則	10
キルヒホッフの電流則	12
キルヒホッフの法則	10
金属酸化膜FET	76

【く】

空乏層	29
区分線形モデル	35
クラス（級）	92
クランプ回路	52
クリッパ回路	50

【け】

結合コンデンサ	96
ゲート	76

【こ】

コイル	5
合成抵抗	6
降伏	32
交流電源	1
交流負荷線	97
固定バイアス回路	103
コレクタ遮断電流	62
コレクタ接地型	144
コレクタ端子	57
コレクタ電流	58
コンダクタンス	5
コンデンサ	5

【さ】

最大伝送電力の定理	134
差動増幅回路	120

【し】

しきい電圧	81
自己バイアス回路	105
遮断	33
従属電源	2
自由電子	28
出力インピーダンス	135
出力が飽和する	95
出力特性	62
受動素子	4
順バイアス	30
小信号理論	45
真性半導体	28

【せ】

正帰還	168
制御電源	2
正孔	28
静的な特性	5
静電容量	5
静特性	62
整流回路	48

索　引

整流作用	31
接合型 FET	76
線形回路網	121
線形素子	4
全波整流回路	49

【そ】

ソース	76

【た】

ダイオード	27, 162
ダイオードブリッジ回路	49
多数キャリヤ	28, 57
立上り電圧	34
ダーリントン接続	119

【ち】

チャネル	77
重畳の定理	13
直流電源	1, 161
直流動作点	42
直流負荷線	42, 87
直列帰還直列注入	169
直列接続	6

【つ】

ツェナー降伏	32
ツェナーダイオード	54

【て】

抵　抗	4
抵抗器	4
ディプレション型	81
テブナンの定理	17
電圧帰還	105, 170
電圧帰還特性	75
電圧源	1
電圧降下	7
電圧増幅作用	66
電圧増幅度	66, 133
電圧利得	133

電位障壁	30
電界効果トランジスタ	76
電　源	1
電　子	28
電子雪崩降伏	32
伝達特性	80
伝達バイアス線	111
電流帰還	169
電流帰還バイアス回路	104
電流源	1
電流増幅作用	66
電流増幅度	66, 133
電流伝達特性	72
電流利得	133
電力増幅度	67, 133
電力利得	133

【と】

動作点	60
導　通	33
動的な特性	6
独立電源	2
ドナー	28
トランジスタ	57
ドレーン	76

【に】

2値素子	33
入力インピーダンス	133
入力特性	62

【の】

能動素子	4
ノートンの定理	21

【は】

バイアス回路	60
バイアスする	60
バイパスキャパシタ	96
バイパスコンデンサ	96

ハイブリッド	
パラメータ	128
バイポーラ	
接合トランジスタ	57
半導体	27
半波整流回路	48

【ひ】

ピーククリッパ回路	51
非線形素子	4
ピンチオフ電圧	80

【ふ】

負荷線	42
負帰還	168
不純物半導体	28
分　圧	8
分　流	8

【へ】

平衡点	42
並列帰還並列注入	170
並列接続	6
ベース共通	61, 144
ベースクリッパ回路	51
ベース接地	61, 144
──の小信号電流増幅率	74
──の直流電流増幅率	68
ベース端子	57
ベース電流	58

【ほ】

鳳-テブナンの定理	17
ポート	17, 121

【も】

漏れ電流	62

【り】

理想ダイオード	33

利得の位相角　　　133

【ろ】
論理積回路　　　39

論理和回路　　　39

【A】
ABCD パラメータ　　　127
AND 回路　　　39

【B】
BJT　　　57

【C】
CB　　　61, 145
CC　　　146, 158
CE　　　63, 144

【F】
FET　　　76
F パラメータ　　　127

【H】
h パラメータ　　　128, 144, 145, 146

【J】
JFET　　　76

【K】
KCL　　　12
KVL　　　10

【M】
MOSFET　　　76

【N】
n 型半導体　　　28

【O】
OR 回路　　　39

【P】
pn 接合ダイオード　　　29
p 型半導体　　　28

【Q】
Q 点　　　42, 60

【R】
r パラメータ等価回路　　　153

【T】
T 形等価回路　　　152

【Y】
y パラメータ　　　126

【Z】
z パラメータ　　　123

―― 著者略歴 ――

陶　良（とう　りょう）
1989年　ハルビン工業大学（中国）応用物理学科卒業
1994年　ハルビン工業大学（中国）大学院博士課程修了（一般力学専攻），工学博士
2000年　千葉工業大学講師
2003年　千葉工業大学助教授
2008年　千葉工業大学教授
　　　　現在に至る

中林　寛暁（なかばやし　ひろあき）
1995年　千葉工業大学工学部電子工学科卒業
1997年　千葉工業大学工学部電子工学科助手
2005年　千葉工業大学大学院工学研究科博士課程修了（電気・電子工学専攻），博士（工学）
2005年　千葉工業大学助教
2016年　千葉工業大学准教授
2023年　千葉工業大学教授
　　　　現在に至る

関　弘和（せき　ひろかず）
1998年　大阪大学基礎工学部システム工学科卒業
2003年　東京大学大学院工学系研究科博士課程修了（電気工学専攻），博士（工学）
2003年　千葉工業大学助手
2004年　千葉工業大学講師
2008年　千葉工業大学准教授
2013年　千葉工業大学教授
　　　　現在に至る

回路解析力が身につく電子回路入門
Introduction to Electronic Circuits for Circuit Analysis Skills
　　　　　　　　© Ryo Toh, Hiroaki Nakabayashi, Hirokazu Seki 2014

2014年8月18日　初版第1刷発行
2023年4月25日　初版第8刷発行

検印省略	著　者　陶　　　　　良	
	中　林　寛　暁	
	関　　弘　和	
	発行者　株式会社　コロナ社	
	代表者　牛来真也	
	印刷所　新日本印刷株式会社	
	製本所　有限会社　愛千製本所	

112-0011　東京都文京区千石 4-46-10
発行所　株式会社　コロナ社
CORONA PUBLISHING CO., LTD.
Tokyo Japan
振替 00140-8-14844・電話(03)3941-3131(代)
ホームページ　https://www.coronasha.co.jp

ISBN 978-4-339-00859-3　C3055　Printed in Japan　　　　（新宅）

〈出版者著作権管理機構　委託出版物〉
本書の無断複製は著作権法上での例外を除き禁じられています。複製される場合は，そのつど事前に，出版者著作権管理機構（電話 03-5244-5088，FAX 03-5244-5089，e-mail: info@jcopy.or.jp）の許諾を得てください。

本書のコピー，スキャン，デジタル化等の無断複製・転載は著作権法上での例外を除き禁じられています。購入者以外の第三者による本書の電子データ化及び電子書籍化は，いかなる場合も認めていません。
落丁・乱丁はお取替えいたします。

電気・電子系教科書シリーズ

(各巻A5判)

- ■編集委員長　高橋　寛
- ■幹　　　事　湯田幸八
- ■編集委員　　江間　敏・竹下鉄夫・多田泰芳
　　　　　　　　中澤達夫・西山明彦

配本順		書名	著者	頁	本体
1.	(16回)	電気基礎	柴田尚志・皆藤新一共著	252	3000円
2.	(14回)	電磁気学	多田泰芳・柴田尚志共著	304	3600円
3.	(21回)	電気回路Ⅰ	柴田尚志著	248	3000円
4.	(3回)	電気回路Ⅱ	遠藤　勲編著　鈴木純一・吉村昌典・福田　恵・降矢典雄・吉崎拓男・高西　巳之彦共著	208	2600円
5.	(29回)	電気・電子計測工学(改訂版) ―新SI対応―	西山明彦・奥平鎮正共著	222	2800円
6.	(8回)	制御工学	下西青木俊立幸共著	216	2600円
7.	(18回)	ディジタル制御	西堀俊次著	202	2500円
8.	(25回)	ロボット工学	白水俊次著	240	3000円
9.	(1回)	電子工学基礎	中澤達夫・藤原勝幸共著	174	2200円
10.	(6回)	半導体工学	渡辺英夫著	160	2000円
11.	(15回)	電気・電子材料	中澤・澤田・押田・森山・須田・土田原共著	208	2500円
12.	(13回)	電子回路	伊原健英・若海弘夫共著	238	2800円
13.	(2回)	ディジタル回路	吉澤昌純・室賀　進・山下　巖共著	240	2800円
14.	(11回)	情報リテラシー入門		176	2200円
15.	(19回)	C++プログラミング入門	湯田幸八著	256	2800円
16.	(22回)	マイクロコンピュータ制御プログラミング入門	柚賀正光・千代谷慶共著	244	3000円
17.	(17回)	計算機システム(改訂版)	春日健・舘泉雄治共著	240	2800円
18.	(10回)	アルゴリズムとデータ構造	湯田幸八・伊原充博共著	252	3000円
19.	(7回)	電気機器工学	前田　勉・新谷邦弘共著	222	2700円
20.	(31回)	パワーエレクトロニクス(改訂版)	江間　敏・高橋　勲共著	232	2600円
21.	(28回)	電力工学(改訂版)	江間　敏・甲斐隆章共著	296	3000円
22.	(30回)	情報理論(改訂版)	三木成彦・吉川英機共著	214	2600円
23.	(26回)	通信工学	竹下鉄夫・吉川英機共著	198	2500円
24.	(24回)	電波工学	松田豊稔・宮田克正・南部幸久共著	238	2800円
25.	(23回)	情報通信システム(改訂版)	岡田裕・桑原孝夫・植松唯史共著	206	2500円
26.	(20回)	高電圧工学	箕田充志著	216	2800円

定価は本体価格+税です。
定価は変更されることがありますのでご了承下さい。

図書目録進呈◆